"双一流"建设精品出版工程

信号与系统实验教程

EXPERIMENT OF SIGNALS AND SYSTEMS

李苑青　蒋宇飞　肖　涵　编著

内 容 简 介

本书基于硬件平台和仿真软件，共设17个实验项目，全书分为指导书（仪器简介及实验1～实验17）和附录（附录1、附录2）两部分。前8个实验项目需要硬件平台支撑，是基于虚拟实验平台和实验模块开设的，其将信号与系统的相关概念与具体模块相结合，使学生能通过实际应用验证和测试相关理论知识。后9个实验项目为仿真软件部分的实验项目，难度由浅入深，主要针对卷积、傅里叶变换、系统分析等课程重难点内容，用于加深学生对于基本公式的理解，提高解决实际问题的编程能力。附录部分介绍了实验硬件平台和仿真软件的入门，作为实验项目的补充内容，给读者一些参考。

本书可作为普通高等学校电子信息类、通信类、信号类等专业信号与系统实验和课程设计的教材或教学参考书。

图书在版编目(CIP)数据

信号与系统实验教程/李苑青，蒋宇飞，肖涵编著.
哈尔滨：哈尔滨工业大学出版社，2024.12.—ISBN
978－7－5767－1705－1

Ⅰ.TN911.6－33

中国国家版本馆CIP数据核字第20243MOW63号

策划编辑　王桂芝
责任编辑　李长波　周轩毅
出版发行　哈尔滨工业大学出版社
社　　址　哈尔滨市南岗区复华四道街10号　邮编150006
传　　真　0451－86414749
网　　址　http://hitpress.hit.edu.cn
印　　刷　哈尔滨久利印刷有限公司
开　　本　787 mm×1 092 mm　1/16　印张8.75　字数206千字
版　　次　2024年12月第1版　2024年12月第1次印刷
书　　号　ISBN 978－7－5767－1705－1
定　　价　36.00元

前　言

实验教学是工科学科的重要组成部分，对于理论与实践相结合起着重要作用，是科学与技术发展的基础，也是培养人才的基本工具。

信号与系统课程是电子信息类、通信类、信号类等专业的核心基础课程和考研课程。信号与系统实验是信号与系统课程的重要组成部分，应用实验的教学手段，可以帮助学生理解、掌握信号与系统课程中较为抽象的概念和基本原理，将抽象的教学表达具象化，与真实的实验现象相联系。实验平台基于业界通用的虚拟仪器平台，将系统中的每一个环节模块化，设计并搭建相关的信号系统，学生可以从单个实验项目入手，从分析信号开始，通过系统实验逐步建立系统的思想，不断深化系统分析设计能力，通过实践教学综合运用所学知识，提升专业能力，为后续课程的学习和科研动手能力的提高奠定基础。

本书基于硬件平台和仿真软件共设 17 个实验项目，全书分为指导书（仪器简介及实验 1～实验 17）和附录（附录 1、附录 2）两部分。前 8 个实验项目需要硬件平台支撑，是基于虚拟实验平台和实验模块开设的，其将信号与系统的相关概念与具体模块相结合，使学生能通过实际应用验证和测试相关理论知识。后 9 个实验项目为仿真软件部分的实验项目，难度由浅入深，主要针对卷积、傅里叶变换、系统分析等课程重难点内容，用于加深学生对于基本公式的理解，提高解决实际问题的编程能力。附录部分介绍了实验硬件平台和仿真软件的入门，作为实验项目的补充内容，给读者一些参考。

感谢哈尔滨工业大学（深圳）朱旭教授、张钦宇教授、王立欣教授、顾术实博士等，他们有着严谨的治学态度，秉承“规格严格、功夫到家”的校训，为哈尔滨工业大学（深圳）信号类教学奠定了优良传统，他们的宝贵经验为本书的撰写提供了珍贵的意见。

本书在撰写过程中参阅了部分国内外优秀教材，在此对这些教材的作者致以谢意。

由于作者水平有限，书中难免有疏漏和不足之处，恳请读者批评指正。

作　者

2024 年 10 月

目　录

仪器简介

硬件主要基于虚拟仪器平台，本书的虚拟仪器平台选用的是 NI ELVIS Ⅱ＋，其包含函数发生器、双路数字示波器、万用表、直流稳压电源等通用电子测量仪器。信号与系统实验板型号为 EMONA SIGEx(后简称 SIGEx)，置于虚拟仪器平台上，通过专用接口稳定连接。实验板包含多个独立的单元电路模块，每一个模块实现一个简单的功能，若干模块组合可以完成许多不同的实验。模块由导线连接，连接电路图可以参照本书对应的图，也可以根据需要自由搭配。NI ELVIS Ⅱ＋/SIGEx 套件如图 0.1 所示。

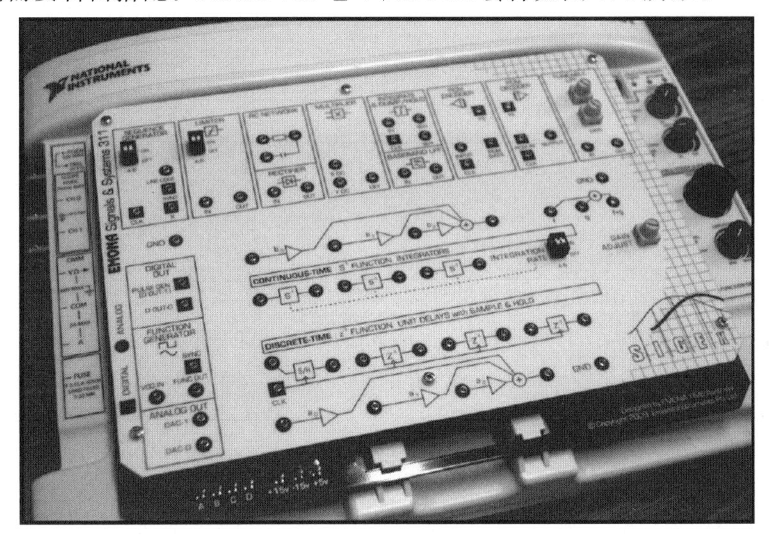

图 0.1　NI ELVIS Ⅱ＋/SIGEx 套件

以下是各个单元电路模块的简介。

1. 序列发生器(SEQUENCE GENERATOR)

序列发生器提供一个周期性的数据源，它输出 5 V 的双极型逻辑电平。通过左上角的拨码开关可以选择不同的数据类型，开关的状态可以在实验程序中显示。该模块由一个逻辑电平(CLK)作时钟，每一帧会输出一个周期同步(SYNC)脉冲。一般情况下，该逻辑电平由脉冲发生器(PULSE GENERATOR)或者信号发生器/同步输出(FUNCTION GENERATOR/SYNC)提供。

2. 限幅器(LIMITER)

限幅器通过拨码开关选择增益大小来放大输入信号至一个定值，从而产生一个幅度受限的输出信号。

3. RC 网络(RC NETWORK)

RC 网络包含电阻元件和电容元件,元件可单独连线使用,也可以组成 RC 电路使用,一般用作低通滤波器。其中,所有元件都是独立的,在使用时需注意接地(GND)。

4. 整流器(RECTIFIER)

整流器对输入的信号提供半波整流的功能,它由一个非理想的二极管组成,有一个正向压降,一般作用于正弦信号。

5. 乘法器(MULTIPLIER)

乘法器提供两个模拟输入信号的乘法功能,k 值约等于 1,输出 kXY 等于输入信号 X、Y 相乘后的信号。

6. 积分陡落与积分保持器(INTEGRATE & DUMP/HOLD)

积分陡落与积分保持器可实现积分陡落、积分保持两种功能,使用时需输入一个时钟信号,它仅能在一个周期内工作。

7. 基带低通滤波器(BASEBAND LPF)

基带低通滤波器是一个四阶巴特沃斯低通滤波器,既可以作为一个待测系统,也可以用作一般的滤波器。

8. PCM 编码器(PCM ENCODER)

PCM(pulse code modulation,脉冲编码调制)编码器的作用是实现单路模拟信号的 PCM 编码功能。它输出一个 8 位的帧,其中包括一个周期同步帧脉冲,可以用于直流信号也可以用于正弦信号。它的最大采样率为 2.5 KS/s(采样千次每秒),因此适用于频率低于 1.25 kHz 的信号。

9. PCM 解码器(PCM DECODER)

PCM 解码器可实现 PCM 解码功能,可解码 8 位 PCM 数据流。使用时,帧同步信号 FS 和采样频率 CLK 须合理连接。

10. 可调谐低通滤波器(TUNEABLE LPF)

可调谐低通滤波器是一个可调节中心频率和增益的 8 阶椭圆低通滤波器,它作用于模拟信号和 TTL 电平的数字信号。该滤波器在输入端没有抗混叠措施,因此使用时须明确输入信号的带宽。

11. 积分器(INTEGRATORS)

积分器包含 3 个独立的简易积分电路,这些积分电路可用于连续时域积分,右侧拨码开关可调节积分速率。拨码开关设置控件及近似积分速率都可以在实验程序中显示。

12. 采样/保持器与单位延时器(UNIT DELAYS with SAMPLE & HOLD)

采样/保持器是一个模拟采样电路,它能根据时钟信号对输入信号进行采样,并保持采样值一个时钟。单位延时使模拟信号的值延迟一个时钟周期输出,它的时钟与采样/保持器是同一个输入,4 个独立延时单元共用相同的时钟信号。

13. 加法器和增益旋钮(ADDERS and GAIN ADJUST KNOB)

加法器和增益旋钮共有3个加法器,其中两个是可调系数的三输入加法器,另一个是双输入加法器。三输入加法器a和b可通过实验程序调节每一路输入的增益系数,常用于根据需要搭建特定的实验系统。双输入加法器的增益为1,可实现简单的加法功能。增益旋钮的值可手动调节并在实验程序中显示。

14. 脉冲发生器/数字输出(DIGITAL OUT)

脉冲发生器/数字输出模块是一个内置的脉冲发生器,其频率和占空比可以通过实验程序来控制,一般可作为数字时钟使用。

15. 函数信号发生器(FUCTION GERERATOR)

函数信号发生器对应的是虚拟仪器平台上内置的多功能信号发生器,它能够提供各种类型、幅值和频率的信号。函数信号的参数可通过虚拟仪器平台的控制软件设置,也可通过实验程序进行设置。

16. 模拟输出(ANALOG OUT)

模拟输出模块通过数模转换模块(digital to analog converter,DAC)产生两路模拟输出,这两路输出由实验程序控制,能够按照用户需求进行更改,以产生任意周期的波形。

17. 实验程序

信号与系统实验板控制软件可调用虚拟仪器的控制端口,并直接在程序中控制示波器、信号发生器、脉冲序列发生器等虚拟仪器平台上的硬件设备。软件包含多个选项卡(Lab)资源,不同的实验项目可选择不同的选项卡进行实验。EMONA SIGEx 软件前面板如图0.2所示。

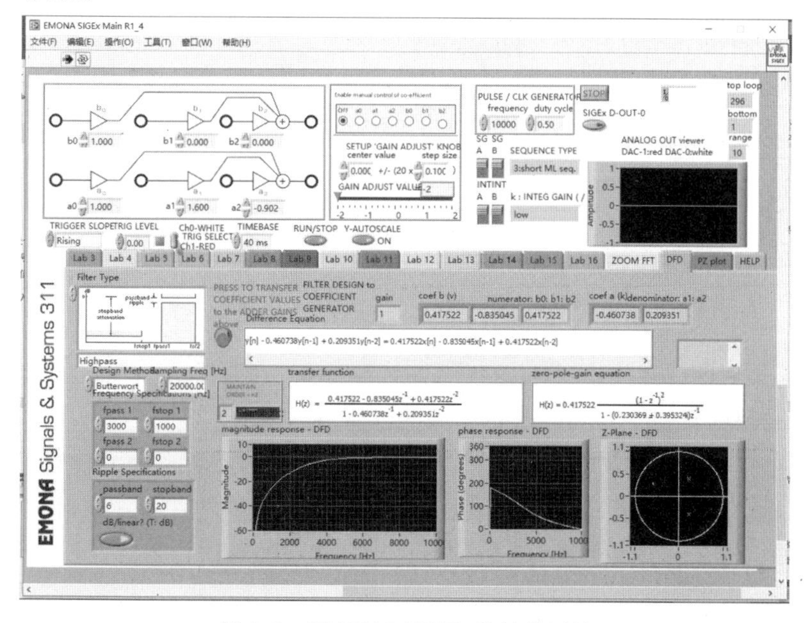

图0.2　EMONA SIGEx 软件前面板

实验1　信号的特性

一、实验目的

(1)学习和掌握虚拟仪器平台和信号与系统实验板的使用方法。

(2)了解基带低通滤波器、可调谐低通滤波器、RC电路对信号的影响。

(3)了解限幅器的规律。

(4)掌握脉冲序列速率受系统特性影响的规律，以及计算最大转换速率的方法。

二、实验预习要求

(1)复习实验中涉及的电路基础知识(RC电路)。

(2)预习实验中所用到的实验仪器的使用方法及注意事项。

三、实验仪器

实验仪器与器件列表见表1.1。

表1.1　实验仪器与器件列表

名称	数量	型号
虚拟仪器基础平台	1套	NI ELVIS Ⅱ＋
信号与系统实验板	1套	EMONA SIGEx
计算机	1台	—
BNC公头转2 mm香蕉头导线	3根	BNC公头转2 mm黑红香蕉头
香蕉头连接线	若干	2 mm

四、实验原理

1.脉冲信号的特性

数字脉冲序列通常通过某一系统(system under investigation，SUI)发出，其通过系统时，或多或少会受到放大、滤波等影响。本次实验通过简单模拟滤波器对脉冲信号的影响，探索脉冲信号在一个转换速率受限的通道中传输时的特性。数字脉冲序列通过系统如图1.1所示。

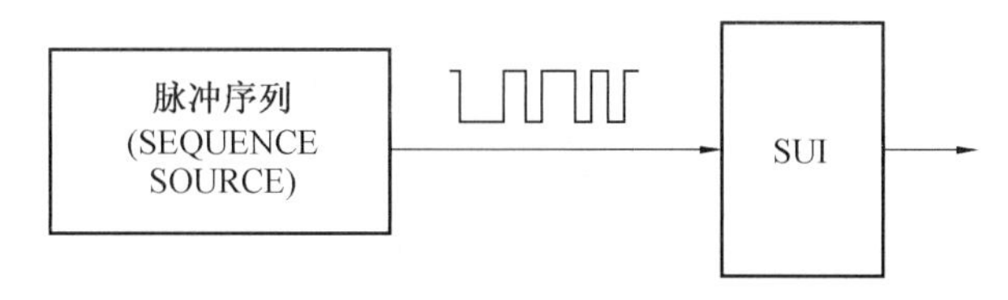

图 1.1　数字脉冲序列通过系统

阶跃信号是脉冲信号的一个基本组成部分，在高低电平转换时，转换所用的时间、转换的形式、振荡时间的长短及幅度共同决定了输出阶跃信号的性质。阶跃信号通过系统如图 1.2 所示。

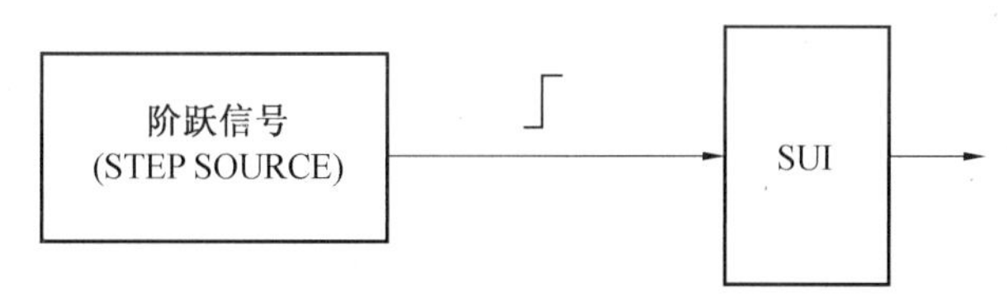

图 1.2　阶跃信号通过系统

2. 正弦信号的特性

与脉冲信号类似，本次实验通过模拟滤波器对正弦信号的影响，探索正弦信号在一个转换速率受限的通道中传输时的特性。正弦信号通过系统如图 1.3 所示。

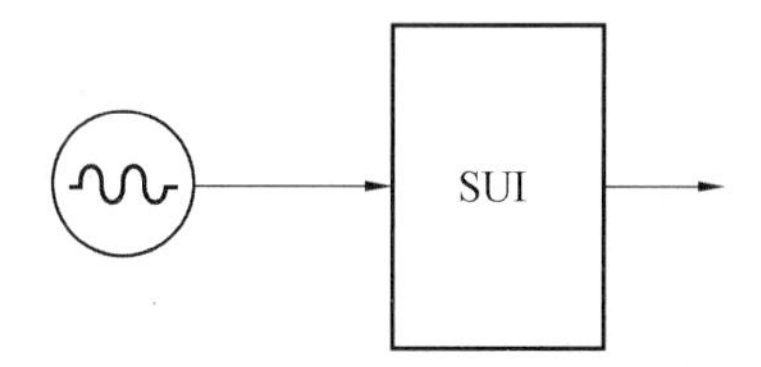

图 1.3　正弦信号通过系统

3. 限幅

电压限幅是电路中信号受到的常见影响之一，一个典型例子是：在放大器电路中，当信号的幅值高于直流供电电压限制时，信号的幅值将受限。

五、实验步骤

1. 实验准备

在进行实验操作之前，先按照实验准备要求进行检测，再开始实验。检测内容如下。

(1)虚拟仪器基础平台硬件正常工作。

保证平台的电源已开启，即仪器右上角的指示灯亮起；信号与系统实验板正常安装，即仪器左下角的指示灯亮起(图 1.4)。

(2)启动虚拟仪器控制界面。

当一个虚拟仪器基础平台连接到计算机上时，计算机会自动运行仪器启动面板。若没有自动运行，可点击 NI ELVISmx Instrument Launcher 图标，打开软件，NI ELVIS Ⅱ＋仪器启动面板如图 1.5 所示。

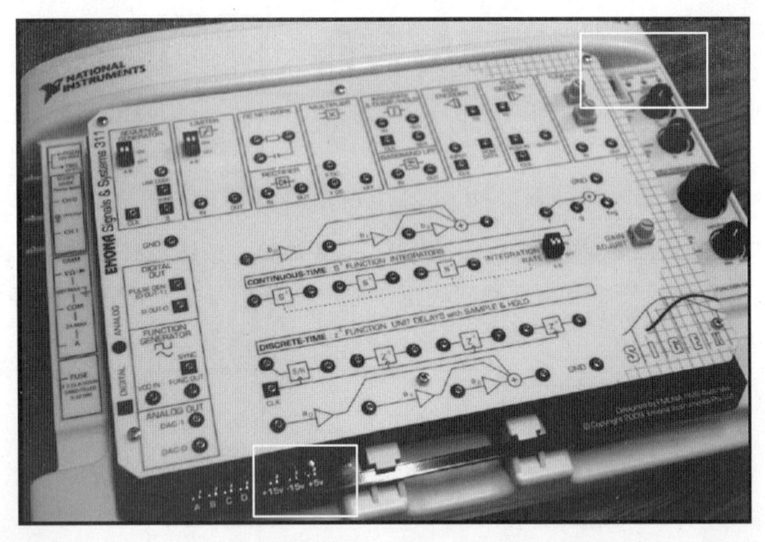

图 1.4　虚拟仪器基础平台硬件正常工作

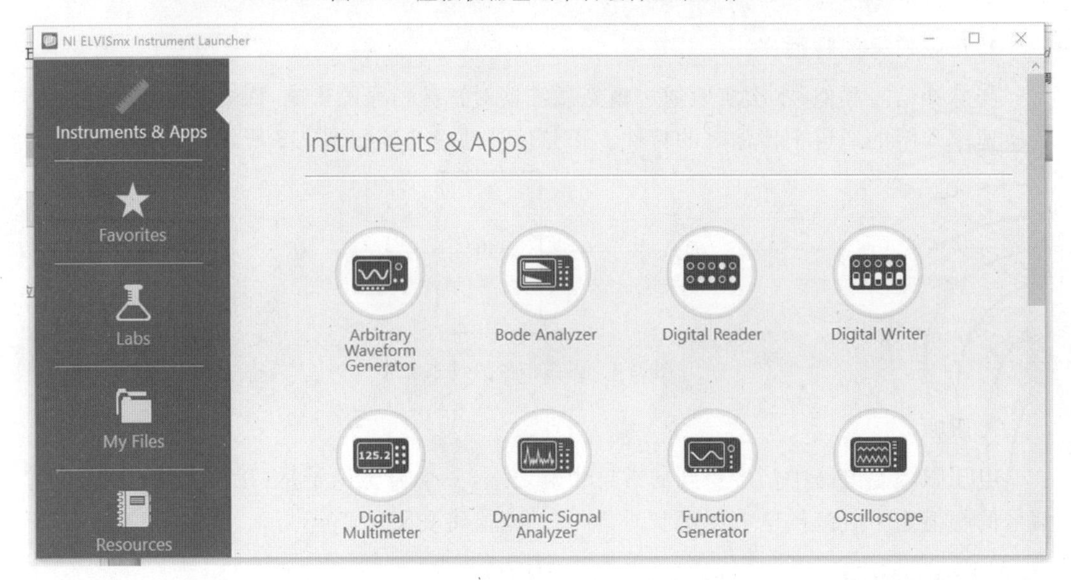

图 1.5　NI ELVIS Ⅱ＋仪器启动面板

该软件是控制虚拟仪器基础平台硬件平台的端口，可通过对应的虚拟界面来控制各种常见仪器设备，如示波器(Oscilloscope)、信号发生器(Function Generator)、数字万用表(Digital Multimeter)等，其信号的传输和采集都是实际发生的，但仪器控制界面是虚拟的。

(3)打开信号与系统实验板控制软件(SIGEx)。

通过 SIGEx R1－4，打开信号与系统实验板的主程序，当主程序运行时，虚拟仪器基础平台硬件左下角的红灯会亮起，SIGEx 软件界面如图 1.6 所示。当主程序运行有误时，请先检查硬件连接是否正确，然后点击“Stop”按钮停止程序，再点击“Run”按钮使程序开始运行。

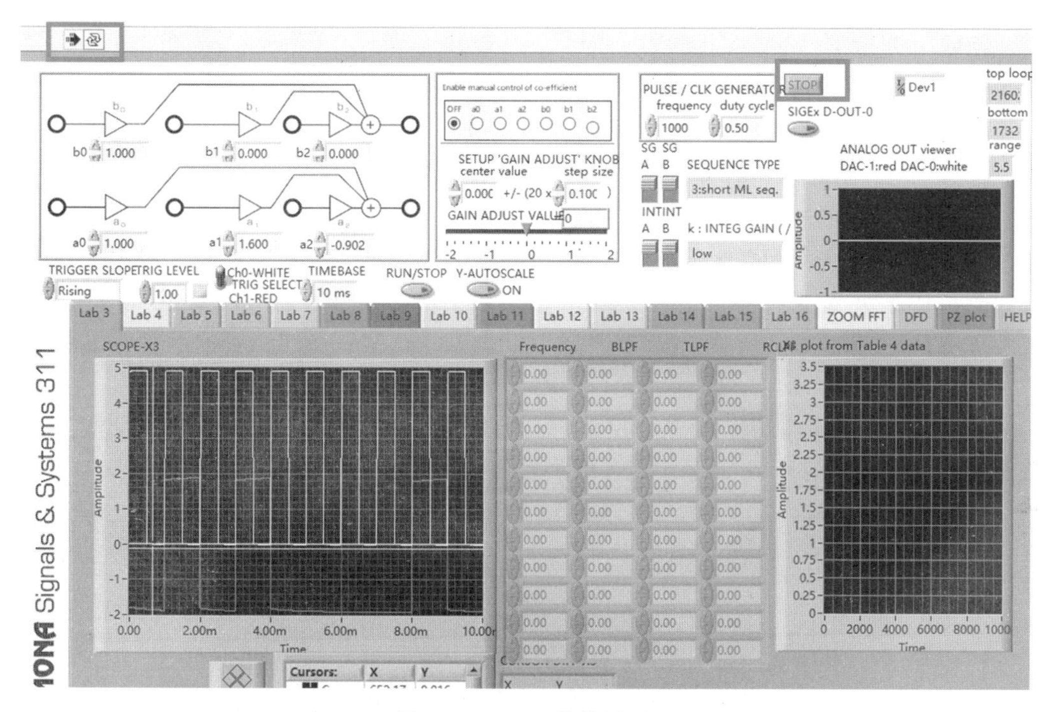

图 1.6　SIGEx 软件界面

只有完成上述工作后，才能开始实验。

2. 脉冲信号的特性

(1)序列发生器。

打开 SIGEx 程序，选择 Lab 3 选项卡，按照图 1.7 接线，各项参数的设置如下：

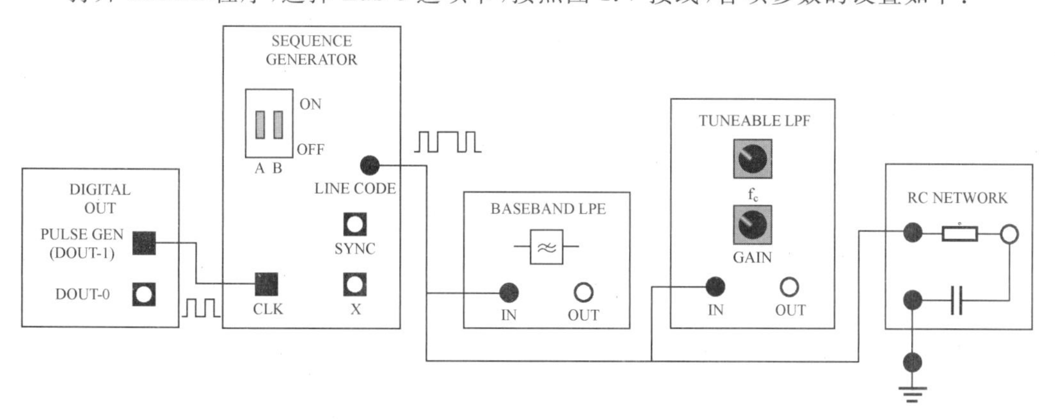

图 1.7　序列波通过滤波器的接线图

①脉冲发生器：频率为 1 000 Hz，占空比为 50%。

②序列发生器(SEQUENCE GENERATOR)：两个拨码开关都拨至上面以产生一个短序列信号(short ML seq)。

③示波器：时间轴设为 10 ms/div，选择 CH0 通道，上升沿作为触发，触发电平为 1 V。

问题 1.1

将 CH0 通道连接至脉冲输出(PULSE GEN),CH1 通道连接至序列发生器的输出端(LINE CODE),观察序列发生器发出的序列中,两个相邻脉冲的最小间隔和最大间隔分别是多少。

(2)基带低通滤波器 BLPF 和可调谐低通滤波器 TLPF。

将 CH0 通道连接到基带低通滤波器(BASEBAND LPF,BLPF)的输出端,CH1 通道连接到可调谐低通滤波器(TUNEABLE LPF,TLPF)的输出端。可使用“运行/停止(RUN/STOP)”和“自动调整量程(Y－AUTOSCALE)”按钮来使测量信号暂停或稳定,以便于读取数据。

在实验板上调节 TLPF 的中心频率(f_c)和增益(GAIN)两个旋钮,使其输出信号能在最短的时间转换信号,并且稳定工作时的幅值与 BLPF 一致(图 1.8)。

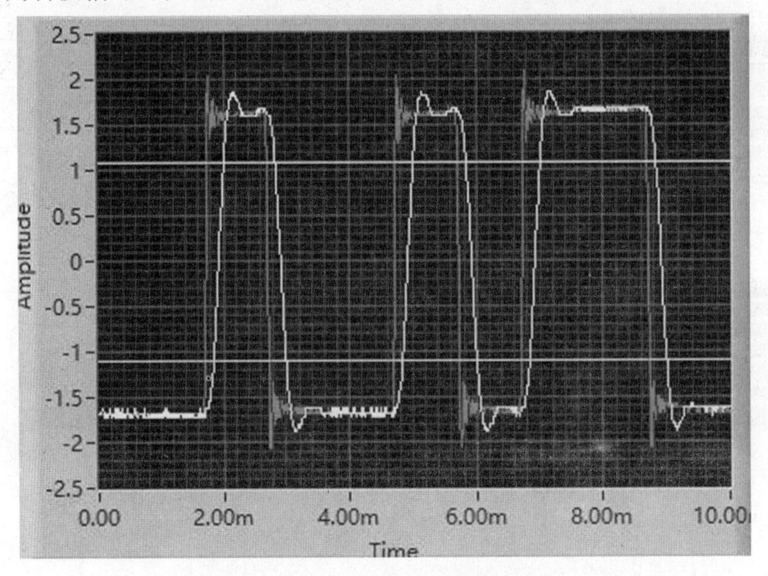

图 1.8　BLPF 与 TLPF 输出示意图

问题 1.2

信号在通过 BLPF、TLPF 时发生了哪些变化?两种波形有哪些不同?

(3)BLPF 和 TLPF 的转换速率。

测量两种滤波器在高低电平转换时的速率,并将结果记录在表 1.2 中,其中 1.5 kHz 为选做内容。测量时,可使用鼠标移动 Lab 4 选项示波器上 4 根黄色的标尺线,2 根垂直标尺之间的差值 X 及 2 根水平标尺之间的差值 Y 可从软件中右侧表读出,其中 X 的单位是 s,Y 的单位是 V。本实验在测量高低电平转换的速率时,忽略滤波器的振荡时间。

表 1.2　两种滤波器的转换时间

测量范围	BLPF(1 kHz) /μs	TLPF(1 kHz) /μs	BLPF(1.5 kHz) /μs	TLPF(1.5 kHz) /μs
上升 10%～90%				
下降 10%～90%				

问题 1.3

逐渐提高脉冲发生器的时钟频率时，BLPF 和 TLPF 的输出波形有何改变？大约达到多少时，输出发生剧烈变化甚至失真？

(4)高低电平转换时的波形。

调节脉冲发生器的频率为 250 Hz，占空比为 50%，其他参数不变，示波器仍然观察 BLPF 和 TLPF 的输出。在同一个图中画出 BLPF 和 TLPF 从低电平到高电平(或从高电平到低电平)的转换过程(图 1.9)，注意标出横、纵坐标的单位。

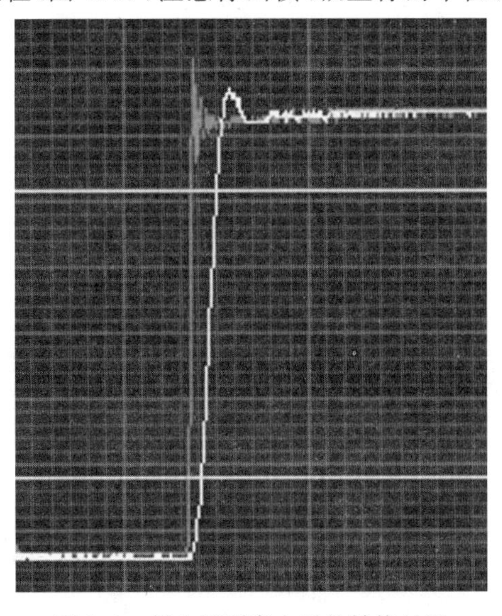

图 1.9　低电平到高电平的转换过程

(5)三种滤波器的转换速率。

保持脉冲发生器的频率为 250 Hz，占空比为 50%，其他参数不变，测量三种滤波器(BLPF、TLPF、RC 低通滤波器 RCLPF)在高低电平转换时的速率，并将结果记录在表 1.3中。根据表 1.3 并忽略三种滤波器的振荡时间，分别计算三种滤波器每秒能够转换脉冲波的最大次数。

表 1.3　三种滤波器的转换时间

测量范围	BLPF(250 Hz) /μs	TLPF(250 Hz) /μs	RCLPF(250 Hz) /μs
上升 1%～99%			
下降 1%～99%			

3. 正弦信号特性

在虚拟仪器平台界面中选择信号发生器(Function Generator),其参数设置如图 1.10所示;按照图 1.11 接线,将示波器的 CH0 通道连接到 BLPF 的输出端口,将 CH1 通道连接到 TLPF 的输出端口;打开 SIGEx 程序,可以通过 Lab 3 选项卡来观察输出波形。

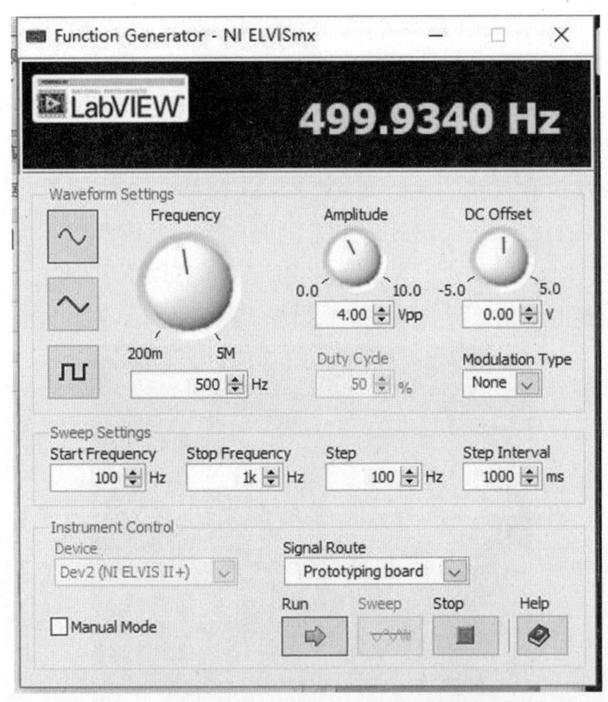

图 1.10　信号发生器参数设置

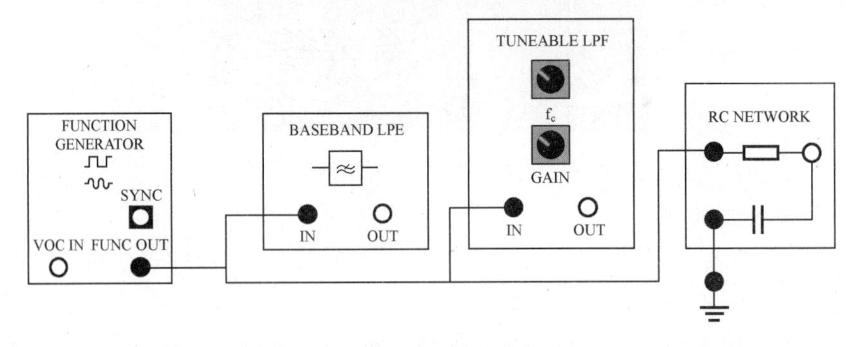

图 1.11　正弦波通过滤波器的接线图

点击“Run”按钮后,逐渐将频率从 250 Hz 提高到 10 kHz,观察其对输出信号幅度的影响。将输出和频率的关系记录在表 1.4 中,并使用对数坐标将图形画出(图 1.12)。注意:图中的数据只是示例,不具有参考价值。

表 1.4　滤波器与正弦信号频率的关系

频率/kHz	BLPF/($\times V_{pp}$)	TLPF/($\times V_{pp}$)	RCLPF/($\times V_{pp}$)
0.25			
0.5			
0.8			
1			
1.5			
2			
2.5			
3			
4			
5			
8			
10			

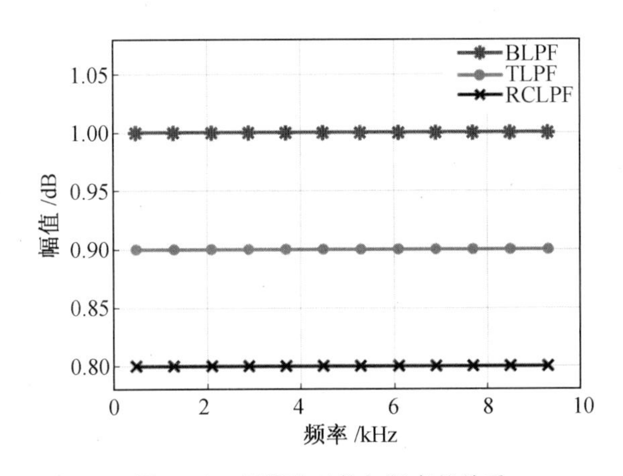

图 1.12　幅值取对数与频率的关系

问题 1.4

根据正弦信号特性的测量数据，BLPF 和 TLPF 可以正常工作的频率上限是多少？

4. 限幅(选做)

将限制器(LIMITER)单元开关设置成 A 为 ON，B 为 OFF，按图 1.13 接线，用示波器观察限幅器的输入和输出，信号发生器按如下参数设置：正弦波频率为 1.2 kHz，V_{pp} 为 4 V。

通过信号发生器上的幅值控件(AMPLITUDE)改变信号的幅值，观察效果。记录现象，并画图表示输入输出电压信号峰峰值的关系。

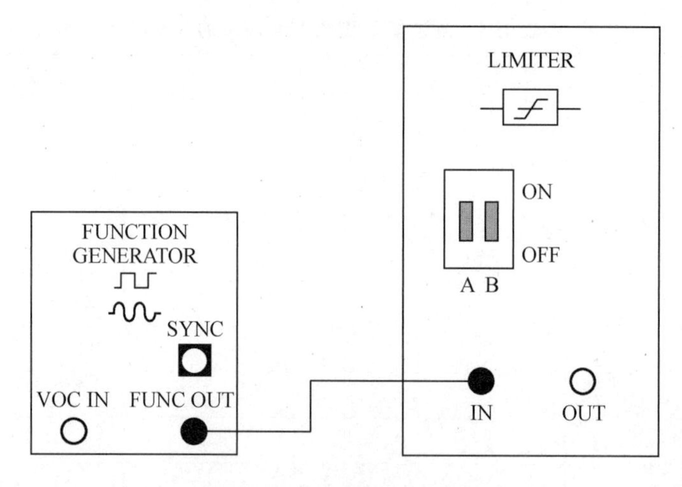

图 1.13 限幅器的连线

问题 1.5

通过信号发生器上的幅值控件改变信号的幅值，限幅器的输出会发生什么变化？

六、注意事项

(1)先按照实验准备要求进行检测，再开始实验。

(2)如果中途仪器意外断电，重启 NI ELVISmx Instrument Launcher，在 SiGEx 面板上先点击“Stop”按钮，再点击“Run”按钮。

(3)实验过程中，可在示波器显示项中打开游标图例并创建自由游标来辅助读数。

(4)完成全部实验后，关掉电源，拆线，整理实验台，关闭计算机，方可离开实验室。应遵守实验室的各项规章制度。

(5)实验仪器如无变化，后面实验将不再做单独介绍。

七、实验报告要求

(1)独立完成实验内容，诚实记录实验结果。

(2)实验中所有绘图和数据处理，均要求使用 Matlab 软件。

(3)实验思考题要写在实验报告中，实验体会、意见和建议写在实验结论之后。

实验 2　线性与非线性系统

一、实验目的

(1)了解限幅器、整流器、乘法器等器件的特性。

(2)了解压控振荡器(VCO)的特性。

(3)了解积分器特性。

二、实验预习要求

(1)复习线性和非线性、可加性和齐次性的定义。

(2)复习信号相乘的定义。

(3)回答下面的问题:①用二倍角作为自变量来表达正弦波平方的公式是什么? ②线性的定义是什么?

三、实验原理

1. 限幅器与整流器的特性

限幅器能按照设定的幅度范围对输入信号电压的幅值进行限制后输出,整流器可以将输入的交流信号转化为直流信号输出。本次实验将研究限幅器和整流器的线性特性。

2. 乘法器的特性

乘法器的功能为将输入信号相乘后输出。本次实验将研究乘法器的线性特性。

3. 压控振荡器的特性

压控振荡器是指输出频率与输入控制电压有对应关系的振荡电路,振荡器的工作状态、振荡电路的元件参数受输入控制电压的控制。本次实验将研究压控振荡器的输入输出特性。

4. 积分器的特性

积分电路的输入和输出成积分关系,若输入信号为方波,可以将输入信号转换成三角波或者锯齿波,可用于波形变换。本次实验中将用积分器生成锯齿波并研究其线性特性。

5. 系统的线性特性

线性特性包括叠加性与齐次性。

若满足 $x(t)=x_1(t)+x_2(t)$, $y(t)=y_1(t)+y_2(t)$,则称系统满足叠加性。

若满足 $x(t)=ax_i(t)$, $y(t)=ay_i(t)$,则称系统满足齐次性。

系统框图如图 2.1 所示。

图 2.1　系统框图

四、实验步骤

1. 限幅器和整流器的特性

(1)限幅器。

打开 SIGEx 程序,按照图 2.2 接线,各项参数的设置如下:

①函数发生器:频率为 1 000 Hz;幅值为 V_{pp};选择正弦波形。

②限幅器:拨码开关设为 A 为 OFF;B 为 OFF。

③示波器:时基为 4 ms;上升沿触发;触发电平为 0 V。

从 V_{pp} 至 $6V_{pp}$ 调整正弦波的幅值,读取该范围的各个读数,并记录在表 2.1 中。

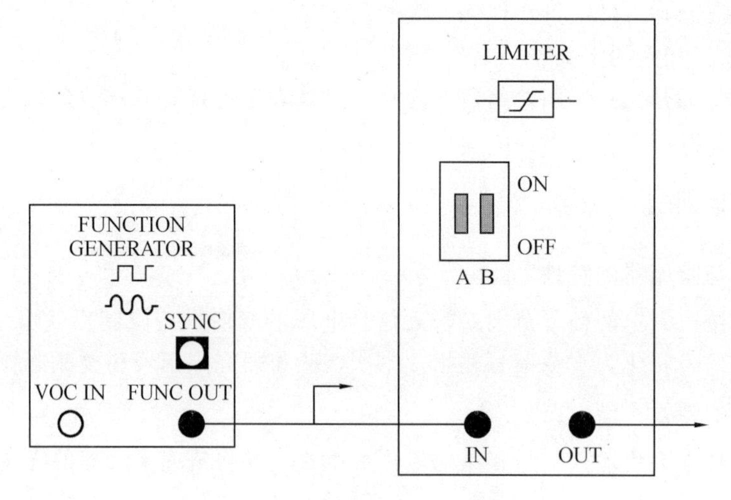

图 2.2　限幅器的连接示意图

表 2.1　限幅器实验结果

输入幅值/($\times V_{pp}$)	限幅器幅值/($\times V_{pp}$)	整流器幅值/($\times V_{pp}$)
1		
2		
3		
4		
5		
6		

问题 2.1

将 CH0 通道连接至 FUNC OUT，CH1 通道连接至限幅器的输出端，观察输出信号并回答问题：限幅器满足线性吗？如果不满足，请说明理由；如果满足，请说明从哪个输入幅值开始，其斜率大概为多少。

(2)整流器。

打开 SIGEx 程序，按照图 2.3 接线，各项参数的设置如下：

①函数发生器：频率为 1 000 Hz；幅值为 V_{pp}；选择正弦波形。

②示波器：时基为 4 ms；CH0 上升沿触发；触发电平为 0 V。

从 V_{pp} 至 $6V_{pp}$ 调整正弦波的幅值，读取该范围的各个读数，并记录在表 2.1 中。

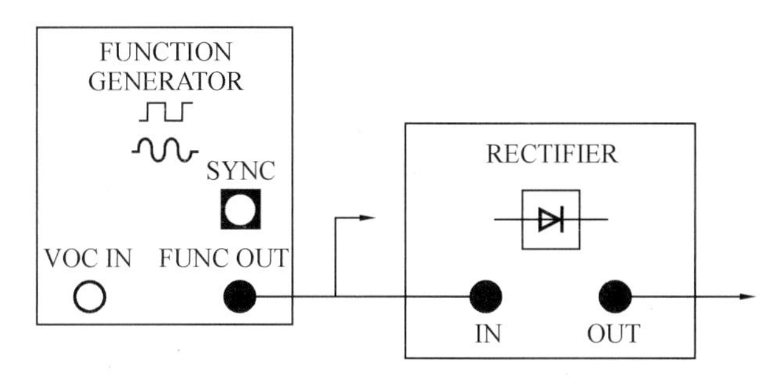

图 2.3　整流系统的连接示意图

问题 2.2

将 CH0 通道连接至 FUNC OUT，CH1 通道连接至整流器的输出端，观察输出信号并回答问题：整流器满足线性吗？如果不满足，请说明理由；如果满足，请说明从哪个输入幅值开始，其斜率大概为多少。

(3)乘法器的特性。

打开 SIGEx 程序，按照图 2.4 接线，各项参数的设置如下：

①函数发生器：频率为 1 000 Hz；幅值为 V_{pp}；选择正弦波形。

②示波器：时基为 4 ms；CH0 上升沿触发；触发电平为 0 V。

从 V_{pp} 至 $10V_{pp}$ 调整正弦波的幅值，读取该范围的各个读数，并记录在表 2.2 中。

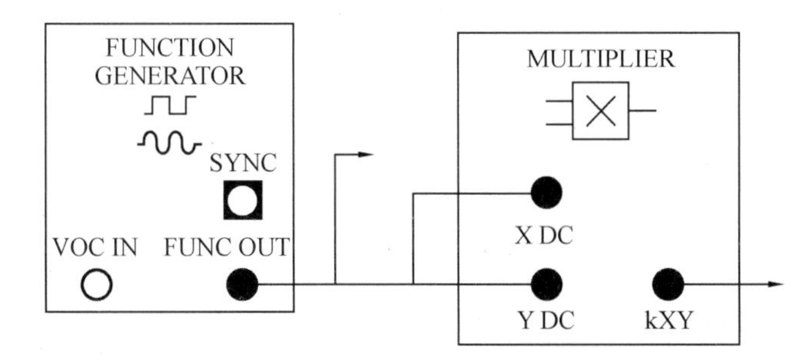

图 2.4　乘法器的连接示意图

表 2.2　乘法器实验结果

输入幅值/($\times V_{pp}$)	乘法器幅值/($\times V_{pp}$)
1	
2	
3	
4	
5	
6	

问题 2.3

将 CH0 通道连接至 FUNC OUT,CH1 通道连接至乘法器的输出端,观察输出信号,描述输入和输出之间的关系。

(4)压控振荡器(VCO)的特性。

在此部分研究 VCO 的输出一输入特性,并进行线性测试。

打开 SIGEx 程序,按照图 2.5 接线,各项参数的设置如下:

①函数发生器:频率为 2 000 Hz;幅值为 $4V_{pp}$;选择正弦波形。

②示波器:时基为 4 ms;正弦波输出上升沿触发;触发电平为 0 V。

③调制类型:调频(FM)。

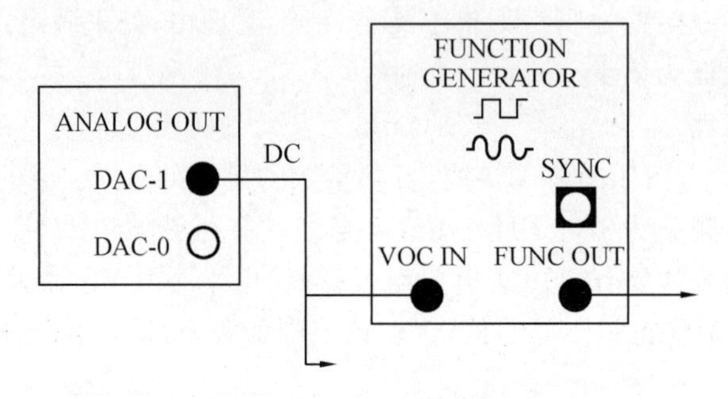

图 2.5　VCO 系统连线

在 Lab 4 中,观察不同 DC 输入电压(−3～3 V)的效果(调节 DC 的旋钮在软件面板上,如图 2.6 所示),方波信号开关在软件面板上(Part 4 Signal Select),绿灯亮起表示已打开,此次实验关闭此按钮。在表 2.3 中记录与 DC 输入电压对应的 VCO 系统输出频率。

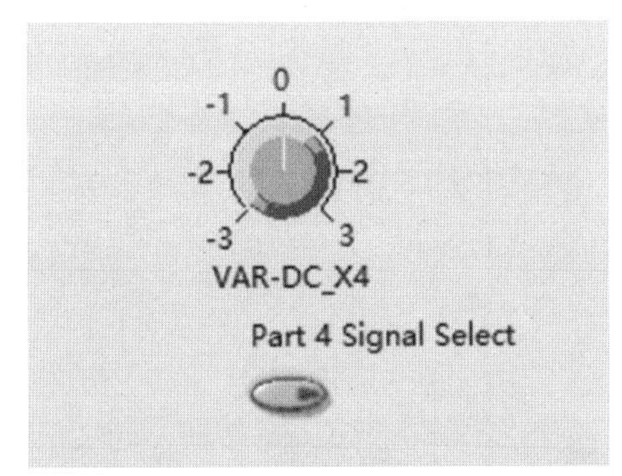

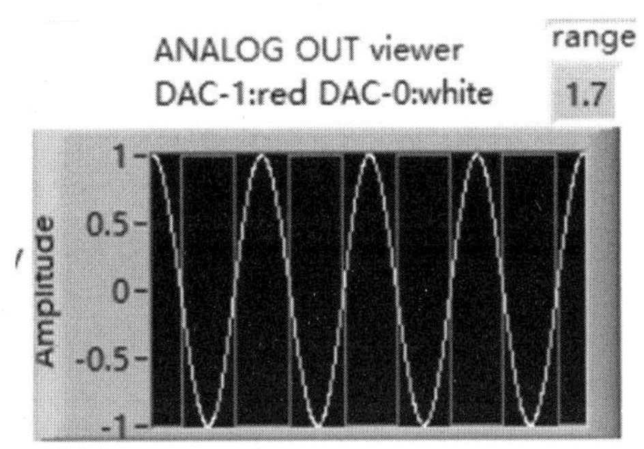

图 2.6　Lab 4 选项卡关键部分截图

表 2.3　VCO 系统输出

DC 输入电压/V	VCO 系统输出频率/Hz
−3	
−2	
−1	
0	
1	
2	
3	

问题 2.4

将 CH0 通道连接至 DAC−1 输出，CH1 通道连接至 FUNC OUT，观察输出信号，描述输入电压和输出频率之间的关系。

2. 积分器测试

(1)锯齿波发生器。

打开 SIGEx 程序，按照图 2.7 接线，各项参数的设置如下：

①函数发生器：频率为 1 000 Hz；幅值为 $4V_{pp}$；选择正弦波形。

②示波器：时基为 2 ms；上升沿触发；触发电平为 0 V。

③调制类型：无。

④限幅器拨码开关：A 为 OFF；B 为 OFF。

⑤积分器速率拨码开关：A 为 ON；B 为 ON。

将 CH0 通道连接至连续时间(continues time)的积分函数(function integration)中的任何一个 S^{-1} 前，CH1 通道连接至 S^{-1} 的输出端，观察两路信号并记录图形。

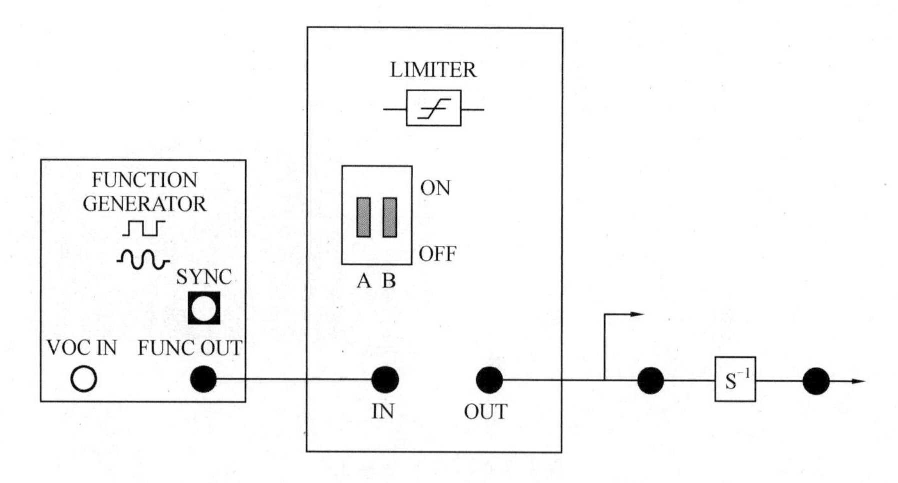

图 2.7　锯齿波生成搭建模型

(2)积分器线性测试。

积分器线性测试方法原理图如图 2.8 所示。

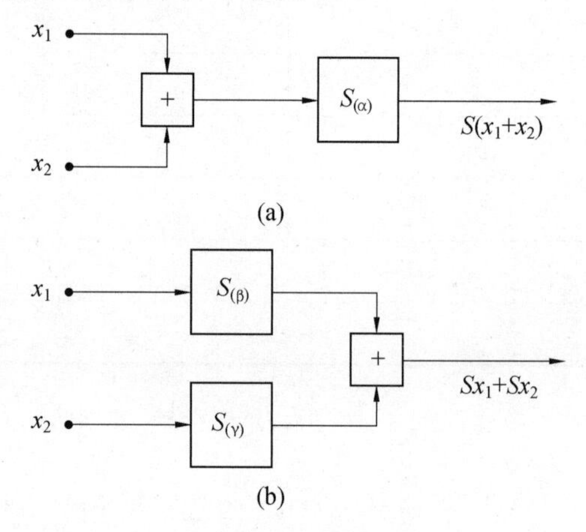

图 2.8　积分器线性测试方法原理图

打开 SIGEx 程序,按照图 2.9 接线。各项参数的设置如下:

①积分器速率:向上。

②加法器增益(在软件面板上输入数值调整):$a_0=a_1=b_0=b_1=+1.0$;$a_2=b_2=0$。

③示波器:时基为 4 ms;触发电平为 0 V。

利用选项卡上的 Lab 4 选择方波信号作为模拟输出,方波信号开关在软件面板上(Part 4 Signal Select),绿灯亮起表示已打开,如图 2.6 所示。

首先,观察积分器处理前后的 x_1+x_2 信号,并记录波形。然后观察 Sx_1+Sx_2 的信号,并记录输出波形。将两个波形画到同一个坐标纸上,并予以标识区分。

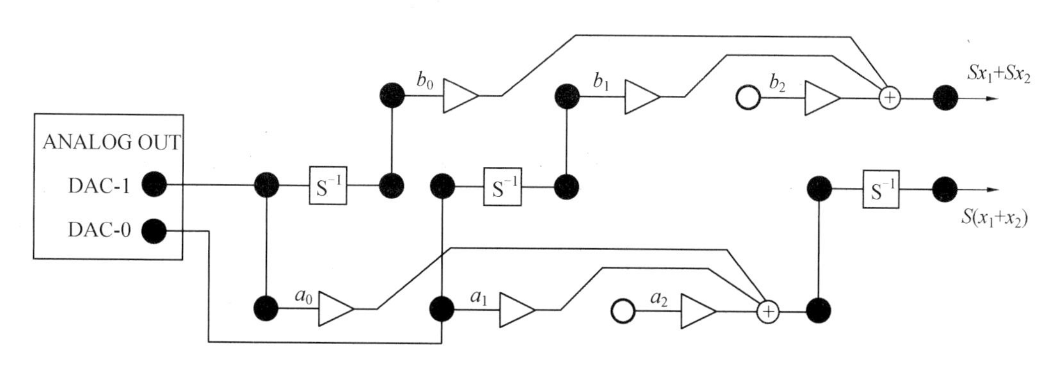

图 2.9　同时生成 $S(x_1+x_2)$ 及 Sx_1+Sx_2 的连线

问题 2.5

根据本次实验，观察结果，积分器符合线性条件吗？改变一个系统的增益，观察结果，改变增益后积分器还符合线性条件吗（确保增益 $a_1=b_1$、$a_0=b_0$ 且 $a_2=b_2=0$）？

五、注意事项

（1）按要求"先准备，后实验，实验完收拾实验台"，中途仪器意外断电处理方法同实验 1。

（2）实验中如遇问题，可重启硬件和软件尝试解决。

六、实验报告要求

（1）独立完成实验内容，诚实记录实验结果。

（2）实验中所有绘图和数据处理，均要求使用 Matlab 软件。

（3）实验思考题要写在实验报告中，实验体会、意见和建议写在实验结论之后。

实验3　卷积(卷积和)

一、实验目的

(1)了解取样函数和延时的含义。

(2)了解和验证卷积运算是如何表示为单位脉冲响应的叠加的。

二、实验预习要求

(1)预习脉冲发生器、序列发生器。

(2)预习卷积(卷积和)的定义。

(3)在实验报告上回答如下问题:①卷积积分的计算步骤和公式是什么?②$f(t)$与冲激函数的卷积如何表示?

三、实验原理

1.卷积

卷积积分法:任意激励下的零状态响应可通过冲激响应来表示,系统的零状态响应等于激励与系统冲激响应的卷积,即

$$r(t)=e(t)*h(t) \tag{3.1}$$

由卷积积分的公式可总结出卷积积分计算步骤:反褶、时移、相乘、积分。其中,计算卷积积分的关键是定积分限。

设有两个函数$f_1(t)$和$f_2(t)$,积分 $f(t)=\int_{-\infty}^{\infty} f_1(\tau)f_2(t-\tau)\mathrm{d}\tau$ 称为$f_1(t)$和$f_2(t)$的卷积积分,简称卷积,记为 $f(x)=f_1(t)*f_2(t)$。

2.卷积积分的代数性质

(1)交换律:$f_2(t)*f_1(t)=f_1(t)*f_2(t)$。

(2)分配律:$f_1(t)*[f_2(t)+f_3(t)]=f_1(t)*f_2(t)+f_1(t)*f_3(t)$。

分配律用于系统分析,相当于并联系统的冲激响应等于组成并联系统的各子系统冲激响应之和。

(3)结合律:$[f_1(t)*f_2(t)]*f_3(t)=f_1(t)*[f_2(t)*f_3(t)]$。

结合律用于系统分析,相当于串联系统的冲激响应等于组成串联系统的各子系统冲激响应的卷积。

四、实验步骤

1. 单位脉冲响应(Lab 5)

单位脉冲延时原理图如图 3.1 所示。图中 UNIT DELAY 意为“单位延时”。

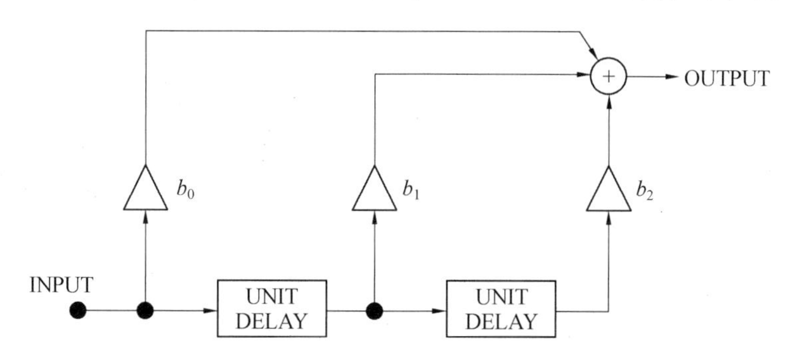

图 3.1　单位脉冲延时原理图

打开 SIGEx 程序,按照图 3.2 接线,各项参数的设置如下:

①脉冲发生器:频率为 1 kHz,占空比为 0.5(50%)。

②序列发生器:两个拨码开关均为 ON。

③示波器:时基根据需要自主调节,建议使用双通道同时观察系统输入与输出,并且以系统输入作为触发源,即 CH0 上升沿触发,触发电平为 1 V。

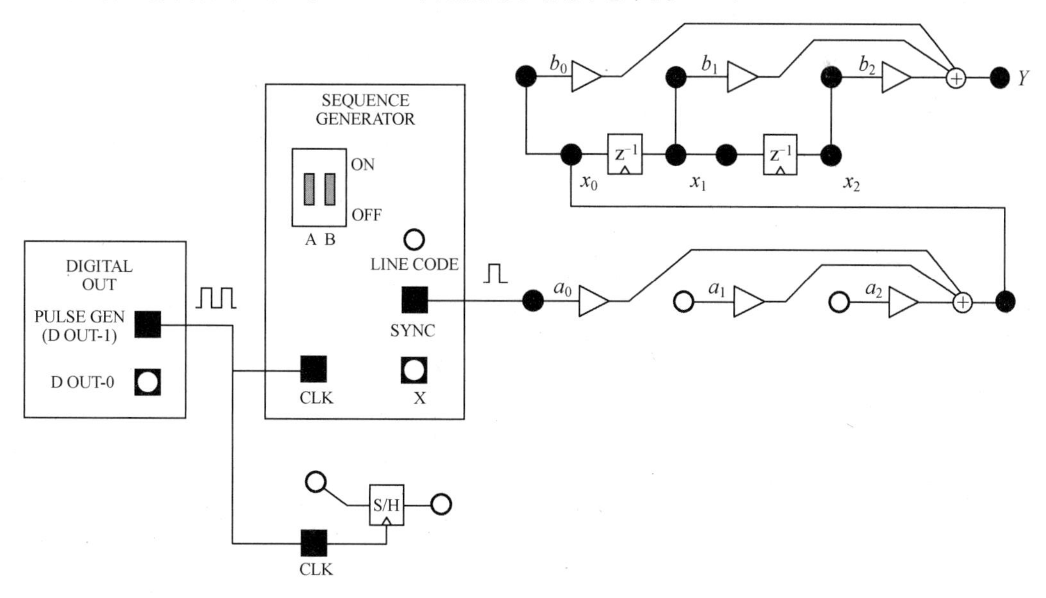

图 3.2　单位脉冲响应接线图

序列发生器同步输出信号(SEQUENCE GENERATOR SYNC)的幅值为 5 V,需要利用增益放大器a_0减小其幅值。调节a_0的增益值,结合示波器观察,使脉冲的幅值(即加法器 a 的输出)精确地达到 1 V,记录a_0的值。

设置$b_0=0.3$,$b_1=0.5$,$b_2=-0.2$,在示波器上显示出延迟线路的输入信号(即第一个z^{-1}模块的输入)和加法器的输出信号,并将其绘制坐标纸上。同时,测量并记录输出序列中每个脉冲的幅值。

由实验可以看出,输入的单个脉冲传送到延时线路中时,生成了延时且幅值变化的样本,最后这些样本在加法器中求和。因此就有了一个单独脉冲的系统响应,可以将其定义为单位脉冲响应 $h(n)$,即输入脉冲的幅值为单位值时的响应。

2. 输入脉冲对

(1)两个连续脉冲。

调整序列发生器的拨码开关位置,A 为 ON、B 为 OFF,以选择两个连续脉冲的序列。使用与实验步骤 1 相同的增益,选择合适的示波器时基和触发电平,观察输出信号,测量并记录每个脉冲($h(0)$、$h(1)$、$h(2)$、$h(3)$)的幅值。

(2)验证叠加性。

验证输出序列是否仅为两个偏置单位脉冲响应的和,并说明是如何进行验证的。要求:验证时,不能只通过图形观察,必须给出测量数据。

问题 3.1

"叠加性"指什么?上述实验结果是如何体现叠加性原理的?

问题 3.2

若本实验拓展到更多的连续脉冲,你认为会看到什么现象?请解释。

3. 正弦波整流输入

从模拟输出 DAC－0 中得到一个正弦信号,然后让这个模拟信号通过采样/保持(SAMPLE/HOLD,S/H)模块进行采样,使之成为离散的脉冲序列。注意脉冲发生器和数模转换器共用相同的内部时钟,因此示波器的显示结果是没有延时的。整流正弦波作为输入的系统框图和接线图分别如图 3.3 和图 3.4 所示。

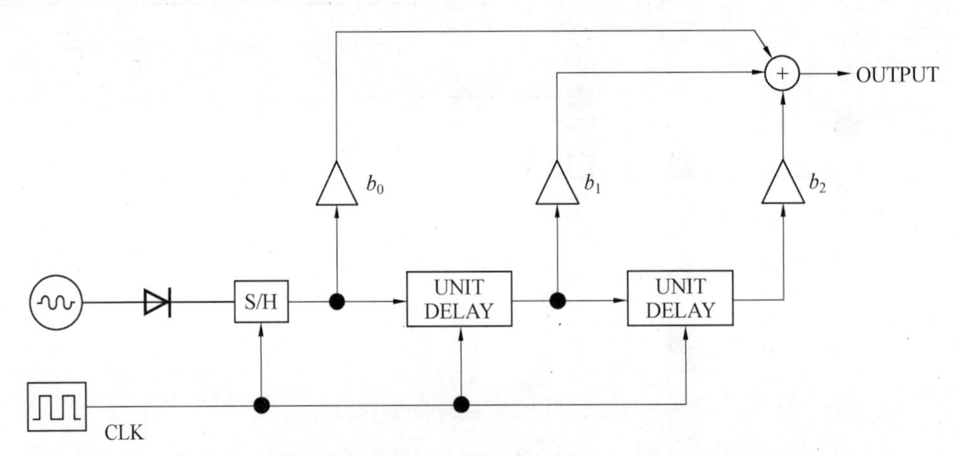

图 3.3　整流正弦波作为输入的系统框图

各项参数的设置如下(使用 Lab 5):

①脉冲发生器:频率为 800 Hz;占空比为 50%。

②示波器:时基为 10 ms/div;CH0 通道上升沿触发;触发电平为 1 V。

使用示波器 CH0 通道观察 DAC—0 输出,确认正弦波在进入整流器(RECTIFIER)前的频率为 100 Hz,峰值为 2 V。用示波器观察采样器的输入和输出,并将波形记录下来。

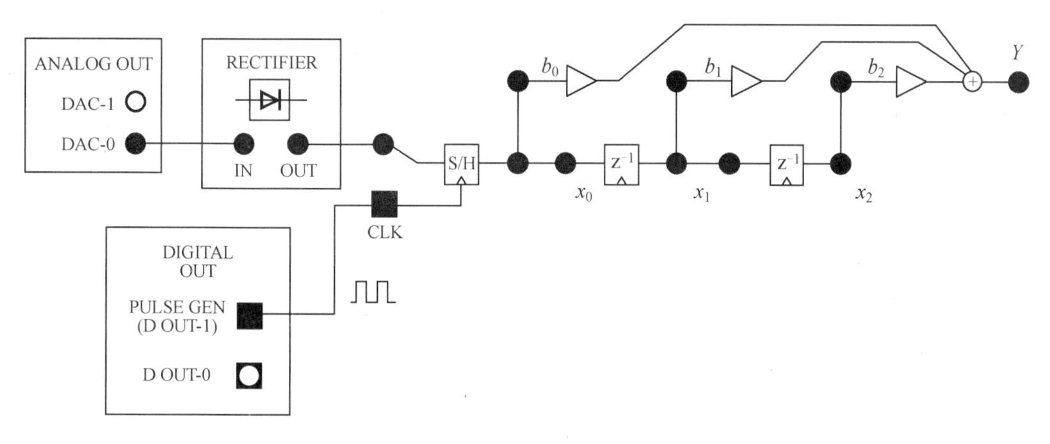

图 3.4　整流正弦波作为输入的接线图

问题 3.3

测量并记录正弦波经过半波整流后的幅值,并解释其幅值减少的原因。

问题 3.4

脉冲发生器设置为其他频率时,采样会发生什么变化?频率是否越大越好,为什么?

保持增益 b 不变,即 $b_0=0.3$,$b_1=0.5$,$b_2=-0.2$,将采样(S/H)后的输出作为系统的输入,叠加器输出 Y 作为系统输出,用示波器观察输入输出信号,记录每个脉冲的幅值,并将记录结果填入表 3.1。其中,序号表示脉冲的序号,并且以每个周期脉冲的第一个脉冲为序号 0。观察其中有几个非 0 输出,并在记录的波形中标出。

表 3.1　系统叠加性验证

序号	幅值				
	输入/V	输出/V			
		$b_0=0.3$,$b_1=0.5$,$b_2=-0.2$	$b_0=0.3$,$b_1=0$,$b_2=0$	$b_0=0$,$b_1=0.5$,$b_2=0$	$b_0=0$,$b_1=0$,$b_2=-0.2$
0					
1					
2					
3					

续表3.1

序号	幅值				
	输入/V	输出/V			
		$b_0=0.3$, $b_1=0.5$, $b_2=-0.2$	$b_0=0.3$, $b_1=0$, $b_2=0$	$b_0=0$, $b_1=0.5$, $b_2=0$	$b_0=0$, $b_1=0$, $b_2=-0.2$
4					
5					
6					
7					
8					

改变增益 b 的值，并将相应的幅值填入表 3.1。

问题 3.5

这个过程与叠加原理有何关系？

可以用数学的方式来表示实验现象，比如：

$$y(3)=b_0 \cdot x(3)+b_1 \cdot x(2)+b_2 \cdot x(1) \tag{3.2}$$

$$y(4)=b_0 \cdot x(4)+b_1 \cdot x(3)+b_2 \cdot x(2) \tag{3.3}$$

$$y(5)=b_0 \cdot x(5)+b_1 \cdot x(4)+b_2 \cdot x(3) \tag{3.4}$$

$$y(6)=b_0 \cdot x(6)+b_1 \cdot x(5)+b_2 \cdot x(4) \tag{3.5}$$

问题 3.6

写出 $y(2)$和 $y(1)$的表达式，讨论它们有何不同。

4. 正弦输入

移除实验步骤 3 中的整流器，使用 DAC—0 的完整正弦波输出作为采样器(S/H)的输入，其余设置与实验步骤 3 一致，观察系统输入(即 S/H 的输出)和系统输出，并将波形记录在坐标纸上。

连接加法器 b，观察并记录对应的输出序列，并将数据记录到表 3.2 中。

表 3.2　正弦波作为输入的输出

序号	幅值				
	输入/V	输出/V			
		$b_0=0.3$, $b_1=0.5$, $b_2=-0.2$	$b_0=0.3$, $b_1=0$, $b_2=0$	$b_0=0$, $b_1=0.5$, $b_2=0$	$b_0=0$, $b_1=0$, $b_2=-0.2$
0					
1					

续表3.2

序号	幅值				
	输入/V	输出/V			
		$b_0=0.3$，$b_1=0.5$，$b_2=-0.2$	$b_0=0.3$，$b_1=0$，$b_2=0$	$b_0=0$，$b_1=0.5$，$b_2=0$	$b_0=0$，$b_1=0$，$b_2=-0.2$
2					
3					
4					
5					
6					
7					
8					

要确保组成一个周期输出序列的 8 个脉冲代表了正弦波的采样信号，一个简单明了的方法是利用平方和恒等式。由于每个周期中有 8 个采样值，因此可以将相隔 90°的两个采样值配对。注意：这里不需要知道峰值处幅值(所需要的仅是每一对的平方和相等)。

问题 3.7

列出平方和计算的结果，并计算标准差和均值。

5. 特殊应用(选做)

使用信号发生器，设置频率为 100 Hz，振幅为 2 V(峰峰值为 4 V)，产生另一个非同步正弦输出代替 DAC－0，其余接线与实验步骤 4 一致。一次设置两个系列的增益 b 的值：

①第一个系列的增益：$b_0=0.3$，$b_1=0.424$，$b_2=0.3$。

②第二个系列的增益：$b_0=-0.3$，$b_1=0.424$，$b_2=-0.3$。

分别记录两者的波形图，并回答问题 3.8。

问题 3.8

适当地改变正弦信号的频率，当正弦输入的频率在 100 Hz 附近变化时，其振幅将会如何变化?

五、注意事项

(1)基本注意事项同实验 2。

(2)在验证叠加性实验时要特别注意如何确定每个测量值对应的序号，考虑清楚后再开始测量和记录数据。

六、实验报告要求

(1)独立完成实验内容,诚实记录实验结果。

(2)实验中所有绘图和数据处理,均要求使用 Matlab 软件。

(3)实验思考题要写在实验报告中,实验体会、意见和建议写在实验结论之后。

实验 4　复数与傅里叶级数

一、实验目的

(1)了解复数的含义。

(2)了解傅里叶级数。

二、实验预习要求

(1)证明欧拉公式 $e^{j\theta}=\cos\theta+i\sin\theta$。

(2)傅里叶级数展开的条件是什么?

(3)写出周期为 T、占空比为 τ、幅值为 1 的双极性方波展开的傅里叶级数。

三、实验原理

1. 复数

每一个复数都可以用二维平面上的一点来表示,该点与平面原点相连即成为向量。为了应用方便,可以用直角坐标或角坐标来表达向量。角坐标系如图 4.1 所示。

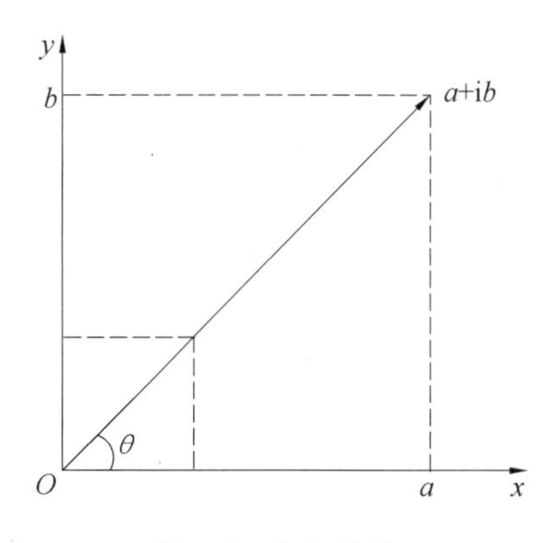

图 4.1　角坐标系

笛卡儿坐标系与角坐标系之间的关系如下:

$$x=\cos\theta,\quad y=\sin\theta \tag{4.1}$$

另外,也可以使用欧拉公式方便地表示数:

$$e^{j\theta}=\cos\theta+i\sin\theta \tag{4.2}$$

使用 i 表示垂直轴或虚轴上的分量。很明显,θ 是指该数与水平轴或实轴所成的角度。

2. 傅里叶级数

本次实验将通过一个非常经典的方法探索傅里叶级数的思想：生成拍频，即将许许多多的拍频加到一起，然后观察总的波形。通过这种方式结合三角公式，可以验证傅里叶级数。

3. 正弦信号的向量分析

用相量图来表示正弦信号时有

$$e^{j\omega t}=\cos \omega t+i\sin \omega t \tag{4.3}$$

因此

$$v(t)=A\cos(\omega t+\theta)=\mathrm{Re}\{Ae^{j(\omega t+\theta)}\}=\mathrm{Re}\{Ae^{j\theta}e^{j\omega t}\} \tag{4.4}$$

$Ae^{j\theta}$设置了$t=0$处的初始条件，即幅值和转角。另外，也可以表示为

$$v(t)=A\cos(\omega t+\theta)=\frac{A}{2}e^{j\theta}e^{j\omega t}+\frac{A}{2}e^{-j\theta}e^{-j\omega t} \tag{4.5}$$

每个项均为旋转相量，$\frac{A}{2}e^{j\theta}e^{j\omega t}$沿正方向（逆时针）旋转，$\frac{A}{2}e^{-j\theta}e^{-j\omega t}$沿负方向（顺时针）旋转。负方向表示负频率，可以想象为电动机反向旋转。由此，正弦波可表示为两个互为共轭的复指数函数之和。

四、实验步骤

1. 欧拉公式

打开 SIGEx 程序，使用 Lab 7 选项卡进行实验，如图 4.2 所示。在这个选项卡中，示波器(Scope)和 XY 图(XY Graph)中波形是根据示波器探头的实测信号显示的，相量图(PHASOR DIAGRAM)是根据 DAC－1、DAC－0 的信号输出绘制的极坐标图。相量图可以计算输出信号 $f+g$ 的相量和幅度信息，其与输入信号 DAC－1 和 DAC－0 的幅度和相位有关。

Lab 7 选项卡中，Reference Amplitude 表示 DAC 输入信号的幅值(V_{pk})，范围为 0～10；phase 表示 DAC 输入信号初相位，范围：0～360。

“Phase follow”按钮表示相位跟随，当按钮上绿灯亮起时表示相位跟随开启。打开“Phase follow”模式之后，DAC－0 信号的相对相位将自动设置为 DAC－1 信号相位的负值，即这两个信号将变成“共轭”信号，两个相量关于实轴对称。改变 DAC－1 的相位设置，观察相量图所示的相量相对运动，这两个相量的和将落在实轴上。

按照图 4.3 接线，将 CH1 示波器引线连至 DAC－1 输出，将 CH0 连至 DAC－0 输出，各项参数的设置如下：

①DAC－1：参考幅值为 1；相位为 0°。

②DAC－0：参考幅值为 1；相位为－90°。

问题 4.1

画出 XY 图波形图，并说明 XY 图呈圆形的原因。

注意：DAC－1 和 DAC－0 输入信号的相位信息请观察右上角 ANALOG OUT

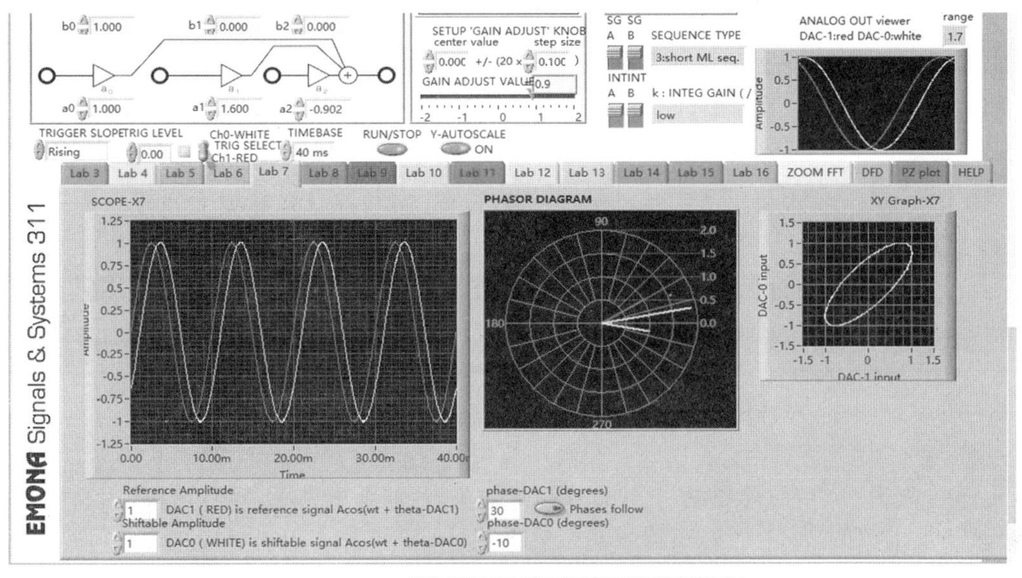

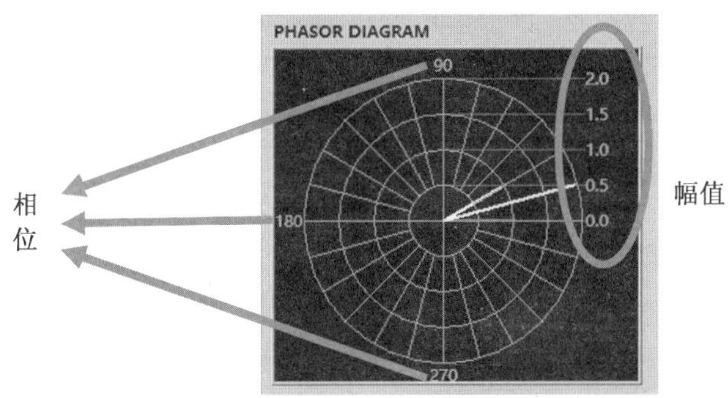

图 4.2　Lab 7 选项卡示意图

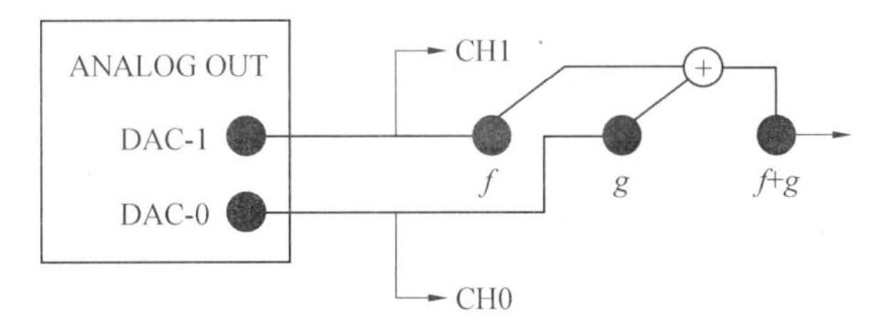

图 4.3　欧拉公式连线图

viewer，SCOPE－X7 图会受到触发（TRIG）影响而发生变化。

更改设置如下：

①DAC－1：参考幅值为 1；相位为 0°。

②DAC－0：参考幅值为 1；相位为 90°。

保持 CH1 示波器引线与 DAC－1 输出相连，将 CH0 示波器引线移至加法器 $f+g$ 的输出。观察两个正弦波的和。

问题 4.2

以函数 $A\cos(\omega t+\theta)$的形式写出 $f+g$ 的方程表达式，用示波器测量并记录 $f+g$ 的波形，其是否与计算值相符？

问题 4.3

保持接线不变，将相位设置为 0°和 180°，再设置为 0°和－180°。这些设置条件下，求和的输出信号是什么，为什么？

已知正弦波是两个互为共轭的复指数函数之和，可以用实验板显示这些共轭信号，设置如下：

①将 phase－DAC1 下面的相位跟随按钮“Phase follow”开关打开（绿灯亮）。

②DAC－1 参考幅值为 1，DAC－0 参考幅值为 1。

将示波器引线 CH1 连至 DAC－1，将示波器引线 CH0 连至加法器输出 $f+g$。改变相位（phase－DAC1）的设置，从 0 开始，以 30°为步进，逐渐增大至 360°，观察并记录合成信号 $f+g$ 的幅值（V_{pk}）。注意：请观察相量图（PHASOR DIAGRAM），当所得到的信号落在负平面（即左半平面）的时候，将幅值记为负值。将测量数据记录在表 4.1 中，并画出其示意图。

表 4.1　合成幅值读数

相位/(°)	合成信号的幅值(V_{pk})	相位/(°)	合成信号的幅值(V_{pk})
0		210	
30		240	
60		270	
90		300	
120		330	
150		360	
180			

问题 4.4

观察表 4.1 中 V_{pk}的规律，结合欧拉公式，推导合成信号 $f+g$ 的方程。

2. 用正弦波和余弦波构造波形

一个简单的相位为零的余弦波形可以表示成

$$f(t)=\cos \omega t \tag{4.6}$$

频率为 n 倍的余弦波形可以简单地表示成

$$f(t)=\cos n\omega t \tag{4.7}$$

周期信号可以进行傅里叶级数展开，具有谐波性。利用 Lab 8 选项卡中的“谐波求和器”（HARMONICS SUMMER）来观察并求基频信号（即 $n=1$ 的情况）的多路谐波，如图 4.4 所示。

Lab 8 选项卡中，左侧 SCOPE－X8 为示波器，示波器下面的 sine harmonic（正弦谐波)表示谐波次数,sine phase(相位)表示初始相位。

Lab 8 选项卡中,右侧是仿真的"谐波求和器"(HARMONICS SUMMER),显示的是谐波叠加后的波形,只与参数设置相关,与示波器探头的测量值无关。波形显示窗口的下面两行参数设置的分别是正弦波、余弦波的基波和 9 个谐波的振幅,可以在数值输入控件输入每个正弦曲线的振幅,范围为 0～10。"谐波求和器"左下角有一个"to DAC－0"按钮,按钮上绿灯亮起时表示该波形通过 DAC－0 通道输出。

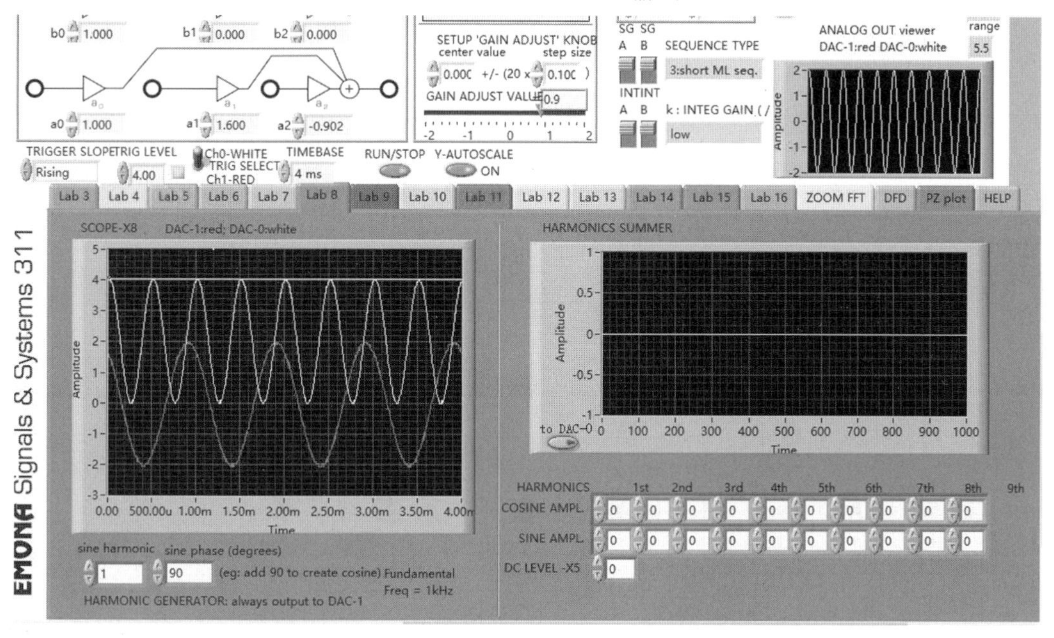

图 4.4　Lab 8 选项卡示意图

使用 Lab 8 选项卡进行实验,把选项卡右侧所有正弦波的幅值设置为 0,将余弦组基波($n=1$)的幅值设置为 1,其他的谐波幅值全都设置为 0。然后,依次将余弦波二次谐波到十次谐波的幅值设置为 1。在改变设置的过程中,请注意合成信号是如何变化的。

问题 4.5

将余弦波的 10 个谐波都设置为 1 后,它的峰值振幅是多少?基波是奇函数还是偶函数?合成波是奇函数还是偶函数?

改变参数,把所有余弦波的幅值设置为 0,同时把正弦波的幅值从一次谐波到十次谐波依次设置为 1。在改变设置的过程中,请注意合成信号是如何变化的。

问题 4.6

将正弦波的 10 个谐波都设置为 1 后,它的峰值振幅是多少?基波是奇函数还是偶函数?合成波是奇函数还是偶函数?

3. 傅里叶级数

(1)乘法器系统。

利用实验板构建一个乘法器系统:假设图 4.5 中乘法器及可调低通滤波器(TUNABLE LPF)两个模块共同组成了这个乘法器系统。系统输入是 X、Y 两路信号,

系统输出是 XY，系统功能是对输入信号进行乘法计算。须通过调节 TUNABLE LPF 的 GAIN(增益)来调节上述乘法器系统的增益，使得 X、Y 经过系统后得到的是没有损耗或放大的 XY。具体方式是：使用 Lab 8 选项卡进行实验，按照图 4.5 接线，将 sine harmonic 值设置为 1，sine phase 值设置为 0，“to DAC－0”按钮关闭。

分别通过 CH0 通道观察 DAC－1，CH1 通道观察 TUNABLE LPF 的输出端(OUT)，将 TUNABLE LPF 的“f_c”(中心频率)旋钮顺时针旋到最右，调节 TUNABLE LPF 的“GAIN”(增益)旋钮，使 TUNABLE LPF 的输出等于 DAC－1 的输出幅值，即 CH1 与 CH0 的峰峰值保持一致，均为 $V_{pp}=4$ V。

注意：直到实验结束，也请不要再动“GAIN”(增益)旋钮。

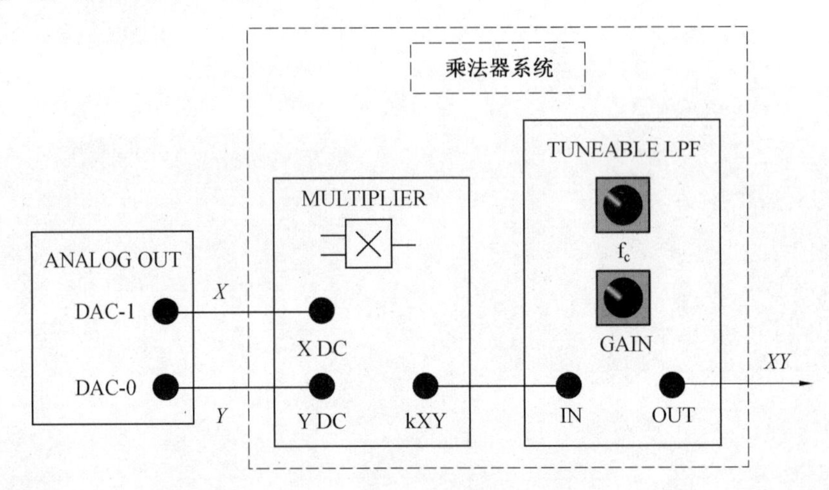

图 4.5　傅里叶级数接线示意图

此时，DAC－1 输出的是一个正弦波，DAC－0 输出的是一个余弦波。此时，TUNABLE LPF 的输出平均值是多少？将 sine harmonic 设置成 2，再观察 TUNABLE LPF 的输出，此时平均值又是多少？

问题 4.7

上述两个观察到的平均值是多少？是如何测量的？

将 sine harmonic 值设置为 1，sine phase 值设置为 90°。此时，DAC－1 和 DAC－0 的输出都是余弦波，接线如图 4.5 不变。此时，TUNABLE LPF 的输出平均值是多少？将 sine harmonic 设置为 2，再观察 TUNABLE LPF 的输出，此时平均值又是多少？

问题 4.8

上述两个观察到的平均值是多少？是如何测量的？

问题 4.9

在乘法器系统功能定义的基础上，推导问题 4.7 或问题 4.8 中任意一次平均值的计算过程。

(2)加入直流分量。

经过上述实验可以观察到，乘法器系统的输出尽管既有奇函数又有偶函数，但是输出波形均关于 X 轴对称。于是，在接下来的实验中，将加入一个直流偏置，即将 sine harmonic 值保持不变仍然为 1，sine phase 值设置为 0，并将“to DAC－0”按钮打开，其他谐波幅值参数设置如下：

①余弦幅值：1，0，0.5，0，0，1，0，0，0，0。

②正弦幅值：0，0.3，1，0，0，0，2，0，0，0。

③直流电平(DC LEVEL)：0.5。

此时，DAC－0 输出的波形公式可用

$$f(t) = a_0 + \sum_{n=1}^{N} a_n \cos n\omega t + \sum_{n=1}^{N} b_n \sin n\omega t \tag{4.8}$$

来表示。其中，$N=10$；a_n 表示余弦幅值；b_n 表示正弦幅值；n 为取值范围为 1～10 的自然数。

用示波器 CH0 接地(GND)，CH1 观察 TUNABLE LPF 的输出信号，将 TUNABLE LPF 的“f_c”(中心频率)旋钮逆时针旋到最左，以此来模拟滤除高频谐波留下直流分量的过程。从 1 开始设置 sine harmonic 的值，记录乘法器系统输出波形的直流幅值(此时输入为正弦波)，并填入表 4.2。观察时有可能需根据实际测量值调节示波器的参数。

然后，将 sine phase 值设置为 90，这样就将正弦波改成了余弦波($\sin(\omega t+90°)=\cos\omega t$)，保持其他设置不变。从 1 开始设置 sine harmonic 的值，记录乘法器系统输出波形的直流幅值(此时输入为余弦波)，并填入表 4.2。

表 4.2　傅里叶级数数据表

sine harmonic (谐波次数)	直流幅值 (输入正弦波)/V	直流幅值 (输入余弦波)/V
1		
2		
3		
4		
5		
6		
7		

问题 4.10

表 4.2 中测量值与计算值是否相符？举例说明。

(3)动扫频信号分析仪。

在接线图 4.5 的基础上进行更改，断开 DAC－1 与 X DC 的连线，将信号发生器输出端(FUNC OUT)连到乘法器系统输入端 X。利用 Lab 8 中的谐波求和器构建任意波形，同时启动函数信号发生器，设置如下：

①余弦幅值:1, 0, 0.5,0,0,1,0,0,0,0。

②正弦幅值:0,0.3, 1, 0,0,0,2,0,0,0。

③直流电压:0.5。

④打开“to DAC－0”按钮。

⑤函数信号发生器:频率为 1 000 Hz,幅值为 $4V_{pp}$,选择正弦波。

两个输入信号本身就是相对漂移的,那么其乘积也会缓慢变化。由于乘积曲线在不断变化,那么它总会穿过感兴趣的测量点。这些点是乘积曲线上持续出现的极大值点和极小值点,每个周期出现两次。将这些极值取平均值,就能得到直流分量。

从 1 000 Hz 到 7 000 Hz 改变函数信号发生器的频率,步进量为 1 000 Hz。记录直流输出的值,填入表 4.3。测量方式是测量极大值和极小值(即峰峰值),然后取平均值得到直流分量。

表 4.3 手动扫频仪数据表格

输入频率/Hz	可调低通滤波器峰峰值(V_{pp})	峰峰值的一半/V	输入值(谐波求和器 cos,sin)	理论计算结果/V
1 000			1,0	
2 000			0,0.3	
3 000			0.5,1	
4 000			0,0	
5 000			0,0	
6 000			1,0	
7 000			0,2	
直流分量/V				

思考:最后的直流分量要怎么测量?

问题 4.11

举例说明 3 000 Hz 直流分量的计算公式。

4. 分析一个方波(选做)

实验步骤 3 构建了一个手动扫频分析仪,能用其分析合成波形的各个谐波的大小,本实验利用其研究一个方波中存在哪些谐波。该实验的设置与前面基本一样,只是要将输入端接到脉冲发生器模块的输出端,即按照图 4.6 接线,设置如下:

①函数信号发生器:频率为 1 000 Hz,幅值为 $2V_{pp}$,选择正弦波。

②脉冲发生器:频率为 1 000 Hz,占空比为 50%。

从 1 000 Hz 到 7 000 Hz 改变函数信号发生器的频率,步进量为 1 000 Hz。记录直流输出的值,填入表 4.4,这些将是构成方波的各个谐波分量的幅值。测量方式仍然是测量极大值和极小值(即峰峰值),然后取平均值得到直流分量。其中,归一化值的计算方法是 V/V_{max}。将测得的傅里叶级数系数与理论值相比较。

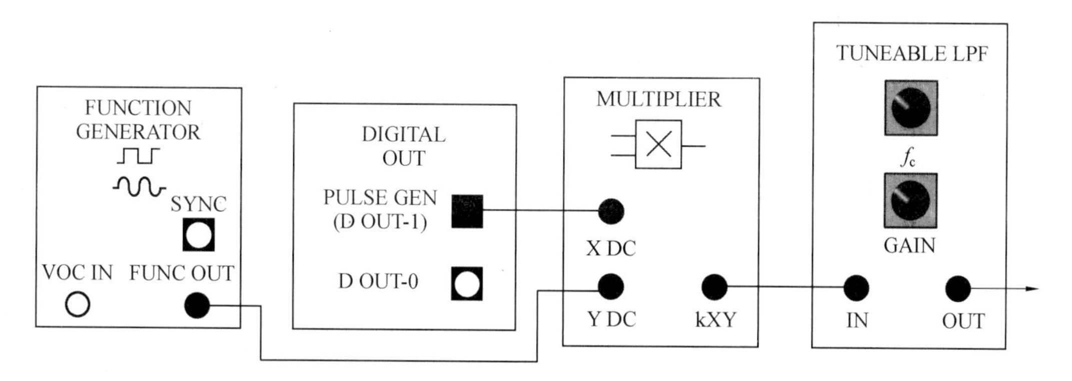

图 4.6　分析方波时接线图

表 4.4　方波信号测量数据表

输入频率/Hz	直流分量/V	归一化值/V	理论计算/V
1 000			
2 000			
3 000			
4 000			
5 000			
6 000			
7 000			
直流分量/V			

问题 4.12

将表 4.4 测得的傅里叶级数系数与理论值相比较，测量值与理论值是否符合？写出奇次谐波的系数的计算公式。

问题 4.13

解释表 4.4 中有些谐波分量几乎为 0 的原因。

通过软件前面板上的“占空比”(duty cycle)控件，改变脉冲发生器的占空比。例如，把占空比设成 20%，将会引入偶次谐波。

问题 4.14

能在占空比为 20%的方波中检测到偶次谐波吗？

五、注意事项

(1)基本注意事项同实验 2。

(2)实验时，要保证可调谐低通滤波器的增益为 1，即实验各个环节均要保证信号经过滤波器系统后不会被放大或缩小。

(3)本次实验需要测量与计算相结合，尽量按照指导书顺序在实验的同时完成思考题。

六、实验报告要求

(1)独立完成实验内容,诚实记录实验结果。

(2)实验中所有绘图和数据处理,均要求使用 Matlab 软件。

(3)实验思考题要写在实验报告中,实验体会、意见和建议写在实验结论之后。

实验 5　各种信号的频谱分析

一、实验目的

(1)使用频谱分析仪观察各种实际信号。

(2)使用快速傅里叶变换(fast Fourier transformation,FFT)观察频率响应。

(3)理解各种信号的时域和频域特性之间的关系。

二、实验预习要求

(1)线性坐标与对数坐标转换的公式是什么?电压增益−6 dB 等于增益多少?功率衰减 3 dB 等于衰减多少?

(2)用正弦波乘方波,从而生成一个半波整流的正弦波,并计算其频谱。

三、实验原理

对离散信号进行时域—频域变换时,常用 FFT 进行。FFT 是根据离散傅里叶变换的奇、偶、虚、实等特性,对离散傅里叶变换的算法进行改进获得的。它仍然基于傅里叶变换,只不过是利用了一系列的数学算法,将离散傅里叶变换复杂的多项式变化进行了简化,其功能仍然是将信号从时域转换到频域。本次实验观察到的频谱图均由 FFT 根据示波器观察到的时域波形计算得到。

四、实验步骤

1. 脉冲序列的频谱

按照图 5.1 接线,并通过 Lab 9 选项卡观察脉冲序列的时域波形和频域波形,记录在图 5.2 中。各项参数的设置如下:

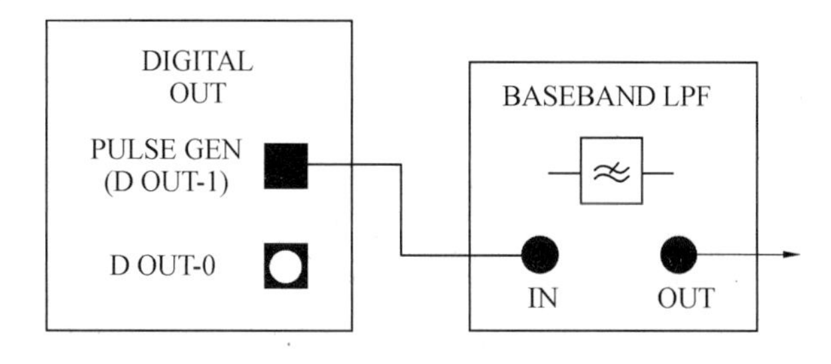

图 5.1　脉冲序列经过基带滤波器

①脉冲发生器(PULSE/CLK GENERATOR):频率为 500 Hz;占空比为 10%。

②将示波器 CH1 与系统输入相连,示波器 CH0 与基带滤波器的输出相连,使右边的

FFT－X9 的 Y 刻度(GAIN)设定至线性映射(调整方式是右键—显示项—标尺图例，然后旁边出现 FREQUENCY 和 GAIN 相关图标，再点击右边最后一个标识，选择映射模式—对数/线性)。

频谱分析仪为线性频率轴，纵轴为线性标度，改变示波器时基(TIMEBASE)，频谱仪的频率标度随之改变。后续实验都需要调节时基，使示波器和频谱仪能够在分辨率和显示范围之间平衡。

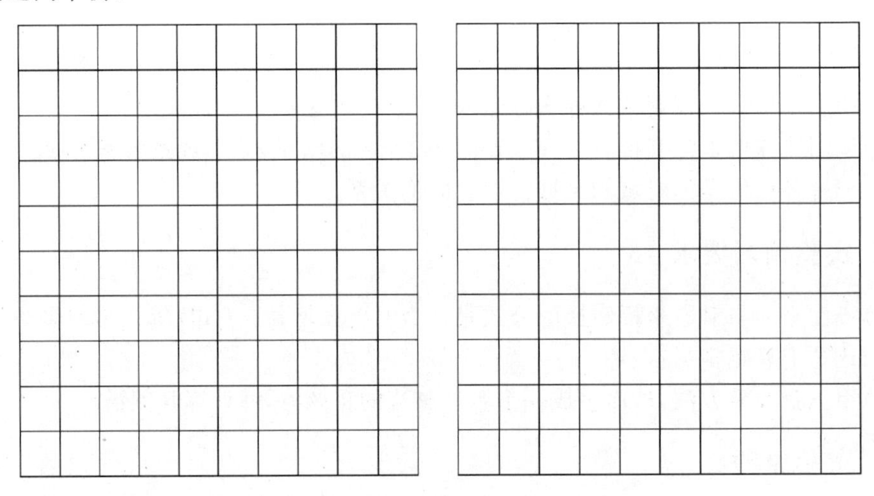

图 5.2　脉冲序列的时域波形与频域波形

观察脉冲序列，其宽度为________ ms，重复周期为________ ms。

问题 5.1

脉冲序列的包络在哪些频率处增益为 0?

改变脉冲序列的占空比(如 20%)，脉冲宽度随之改变，在保持频率不变的情况下，可以发现，零增益点之间的频率间隔随脉冲宽度改变而变化。

问题 5.2

脉冲序列零增益点之间的频率间隔与脉冲宽度之间的数学关系是什么?

同时，可以观察到频谱中的每个单独的频率分量之间(谐波分量)的间隔并没有随着脉冲宽度而改变。对频谱幅值进行适当的测量可以发现：对于两种脉冲宽度，包络线的形状均为$\frac{\sin x}{x}$的形式，且频谱的整体组成不受时钟频率的影响。

问题 5.3

$\frac{\sin x}{x}$有什么特性(过零周期、幅度)?

再次改变脉冲序列的占空比来减小脉冲的宽度，保持频率不变，同时调节示波器的时基以便 FFT 更好地显示频率范围，将脉冲发生器的占空比分别设定为 2%、1%、1%，逐步观察此时的波形。

问题 5.4

当占空比趋近于 0 时，有怎样的一般趋势?

问题 5.5

根据上述趋势，预计单脉冲的频谱（即脉冲之间的间隔非常大的脉冲序列）会具有什么形状？

2. 滤波脉冲序列的频谱

恢复脉冲发生器设置如下：

①脉冲发生器：频率为 500 Hz；占空比为 10%。

②将示波器 CH1 与输入相连，示波器 CH0 与 BLPF 模块输出相连。

观察 BLPF 通道输出处的脉冲响应的时域波形和频域波形，将 FFT 显示屏的 Y 标度映射设置设为对数，并记录在图 5.3 中。

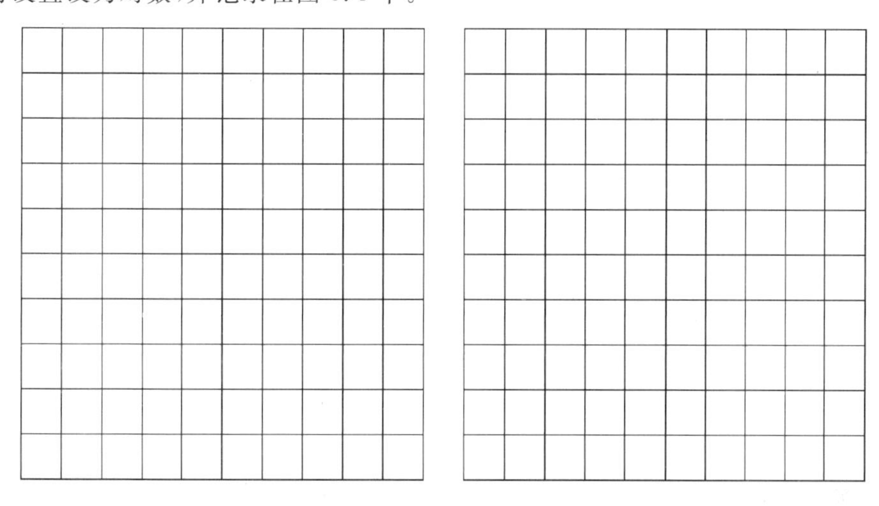

图 5.3　BLPF 输出的时域波形与频域波形

确定并绘制 BLPF 的响应特性曲线，纵坐标要求用对数形式表示（如 lg a），单位为 dB。

3. "Sinc 脉冲"序列

在"1. 脉冲序列的频谱"中，观察到形如$\frac{\sin x}{x}$的矩形脉冲序列的频谱，其特性称为"Sinc 函数"，在时域内，矩形信号将产生 Sinc 函数形状的频率响应频谱。为验证$\frac{\sin x}{x}$形脉冲的频谱，实验板 ANALOG OUT 的 DAC－1 模块模拟了一个 Sinc 脉冲序列信号。此信号的一个特点是时域无限、频谱有限，但实际的单 Sinc 脉冲在时间上不可能达到无限，只能达到近似无限。在本实验中，通过产生一个约 20 个循环后终止振荡的重复脉冲信号来进行近似，在时域和频域内观察此信号的特性，并记录到图 5.4 中。

问题 5.6

假设所观察的 Sinc 脉冲是关于零点对称的，那么信号在哪些时刻发生零交叉？

根据前面脉冲部分所述步骤，在 BLPF 模块上施加 Sinc 脉冲，即同步脉冲序列（ANALOG OUT 的 DAC－1 模块），并在时域和频域观察 BLPF 模块的输入和输出，添加到图 5.4 中。

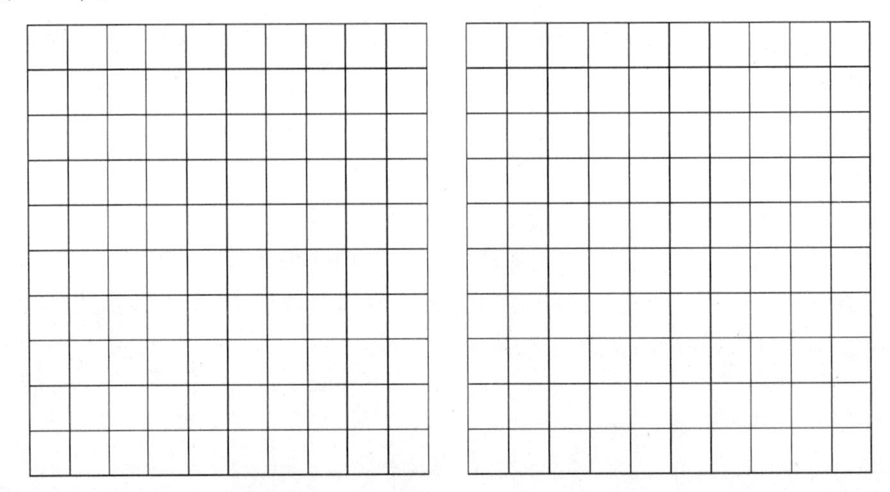

图 5.4 Sinc 脉冲的时域波形与频域波形

除此之外，还可以观察 BLPF 与 TLPF 之间的响应差异。使同步脉冲序列通过 TLPF，通过调节 TLPF 的中心频谱 f_c 与增益 GAIN，使 TLPF 的输出与上述 BLPF 的输出尽量重合。请注意调节两个参数时变化的差异。

问题 5.7

上述实验中，调节中心频谱和增益时，频域图分别对应哪些变化？

4. 非线性过程：削波、整流和谐波倍增

由于过载等原因，因此实际系统常常发生正弦波削波或限幅。有时，保持信号的幅值并不重要(如 FM 信号等)，因为信号的幅值由频率和相位决定，不携带其他信息。

按照图 5.5 接线，设置如下：

①函数发生器：选择正弦输出，频率为 1 kHz，幅值为 $4V_{pp}$。

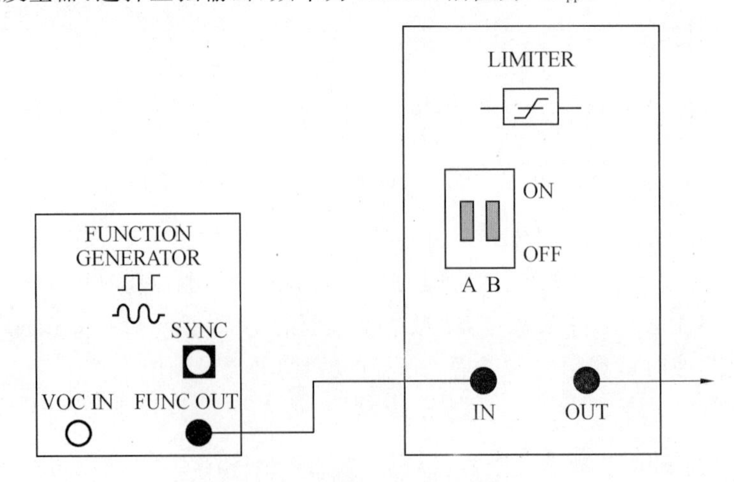

图 5.5 正弦波信号削波接线图

②示波器：时基为 10 ms。

将限幅器指拨开关设置为各个可能位置,并在图5.6中绘制观察到的结果。

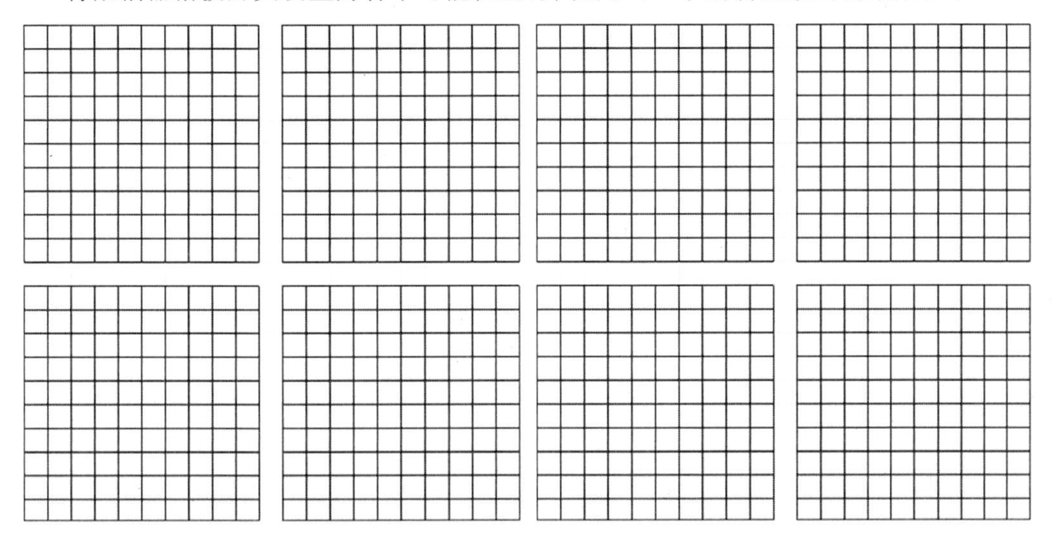

图5.6　限幅器四种设置情况下的输出波形图(包含时域波形和频域波形)

问题5.8

限幅对信号的频谱有什么影响?

问题5.9

输入频率与输出谐波频率之间的关系是什么?

从限幅器模块切换至整流器模块(RECTIFIER),观察整流正弦波的频谱,并记录在图5.7中。

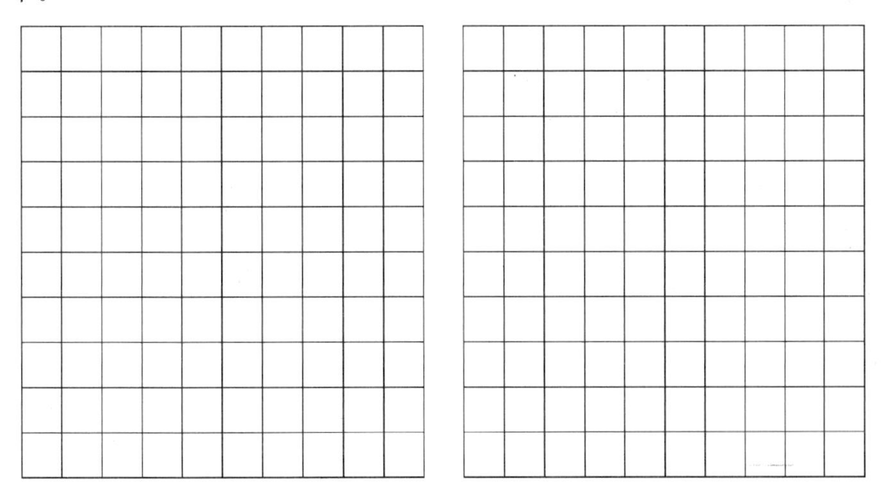

图5.7　整流器输出的时域波形与频域波形

问题5.10

整流正弦波的频谱有哪些特性?与限幅器相比有哪些不同?

问题 5.11

限幅过程、整流过程是线性过程还是非线性过程，为什么？

五、注意事项

（1）基本注意事项同实验 2。

（2）此实验时域和频域的数据，可从实验程序中导出图片或导出数据后用 Matlab 绘图。

六、实验报告要求

（1）独立完成实验内容，诚实记录实验结果。

（2）实验中使用 Matlab 软件进行数据处理。

（3）实验思考题要写在实验报告中，实验体会、意见和建议写在实验结论之后。

实验 6　拉普拉斯变换

一、实验目的

(1)使用 FFT 观察频率响应。

(2)理解各种信号的时域和拉普拉斯变换之间的关系。

二、实验预习要求

在实验报告上回答以下问题:

(1)对于图 6.1 中的系统,写出输出 $x_0(t)$关于输入 $u(t)$的微分方程、系统函数、零极点及幅频响应和相频响应的表达式。然后将输出 $x_0(t)=\mathrm{e}^{\mathrm{j}\omega t}$代入该方程,得到对应的输入 $u(t)$,并写出输出 $x_1(t)$关于输入 $u(t)$的微分方程、系统函数及零极点。

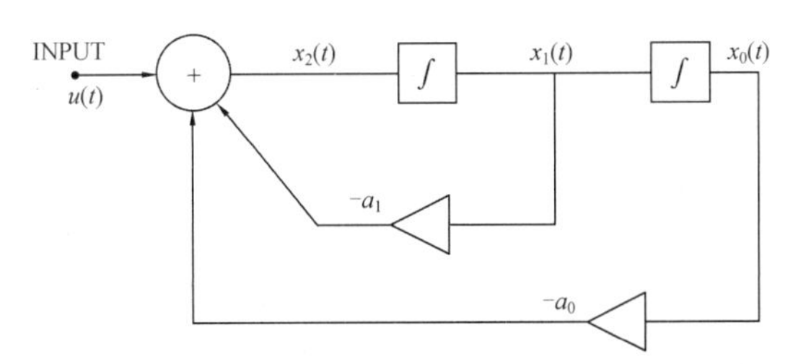

图 6.1　二阶积分反馈结构原理图(无前馈)

(2)对于图 6.2 中的系统,写出输出 y 关于输入 $u(t)$的微分方程、系统函数、零极点及幅频响应和相频响应的表达式。

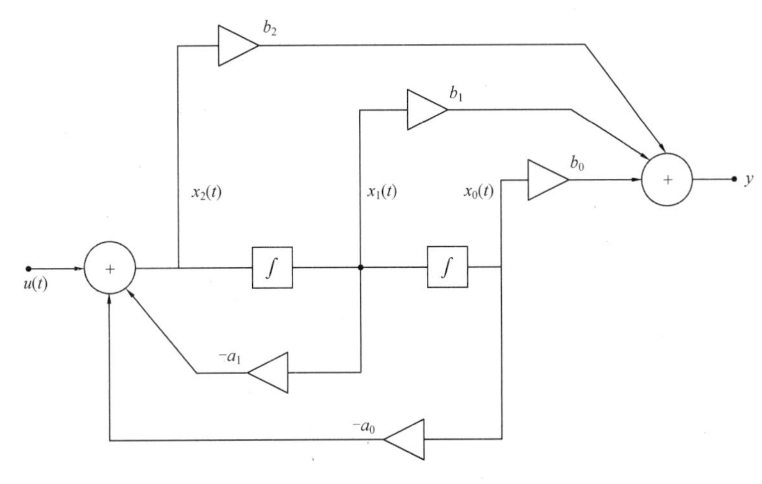

图 6.2　包含反馈和前馈的二阶积分器原理图

三、实验原理

拉普拉斯变换是为简化计算而建立的实变量函数和复变量函数间的一种函数变换。对一个实变量函数作拉普拉斯变换，并在复数域中作各种运算，再将运算结果作拉普拉斯反变换来求得实数域中的相应结果，往往比直接在实数域中求出同样的结果在计算上容易得多。拉普拉斯变换的这种运算步骤对于求解线性微分方程尤为有效，它可以把微分方程化为容易求解的代数方程来处理，从而使计算简化。在经典控制理论中，对控制系统的分析和综合都是建立在拉普拉斯变换的基础上的。引入拉普拉斯变换的一个主要优点，是可以采用传递函数代替微分方程来描述系统的特性。

四、实验步骤

注意：所有测量幅频响应范围均为 0～10 kHz（请以 5 Hz 代替 0 Hz，建议以0.5 kHz 为测量间隔），重点频率（如增益最大或最小处的频率及 3 dB 截止频率）均精确到一位小数（如 3.3 kHz）。

1. 仅有反馈的系统

打开 SIGEx 程序，Lab 11 选项卡，按照图 6.3 接线，各项参数的设置如下：

①积分速率（INTERATION RATE）：开关拨到 ON，ON。

②加法器增益：$a_0 = -0.81$，$a_1 = -0.64$，$a_2 = +1.0$。

③函数发生器（FUNCTION GENERATOR）中的信号：选择正弦波，幅值为 $2V_{pp}$。

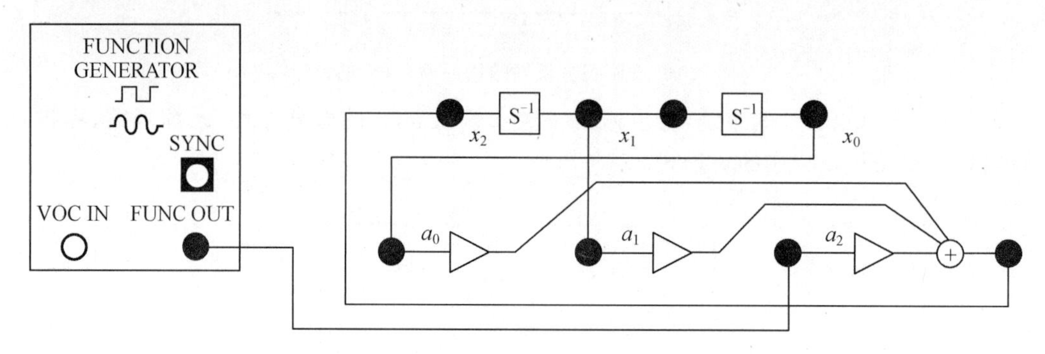

图 6.3　二阶反馈系统的 SIGEx 模型

测量以 x_0 为输出的幅频响应，并在图 6.4 中画出幅频响应曲线。积分器若无法正常工作，请参考本实验注意事项进行放电。

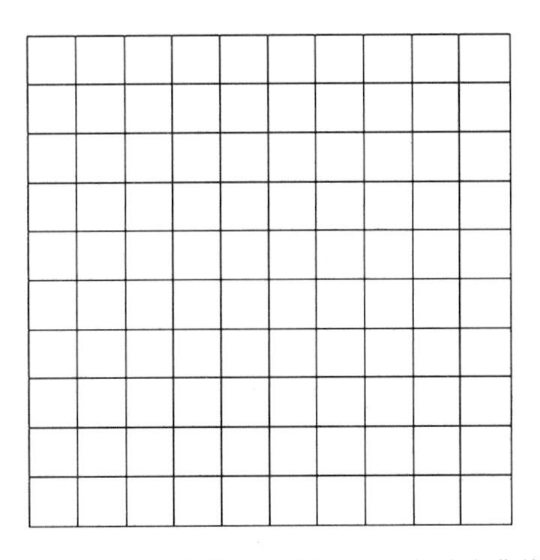

图 6.4　实验实测以 x_0 为输出的幅频响应曲线

问题 6.1

写出图 6.3 以 x_0 为输出的系统函数，画出零极点图和幅频曲线，并判断这是一个什么性质的滤波器。3 dB 截止频率是多少？增益最大处对应频率是多少？将结果记入图 6.5。

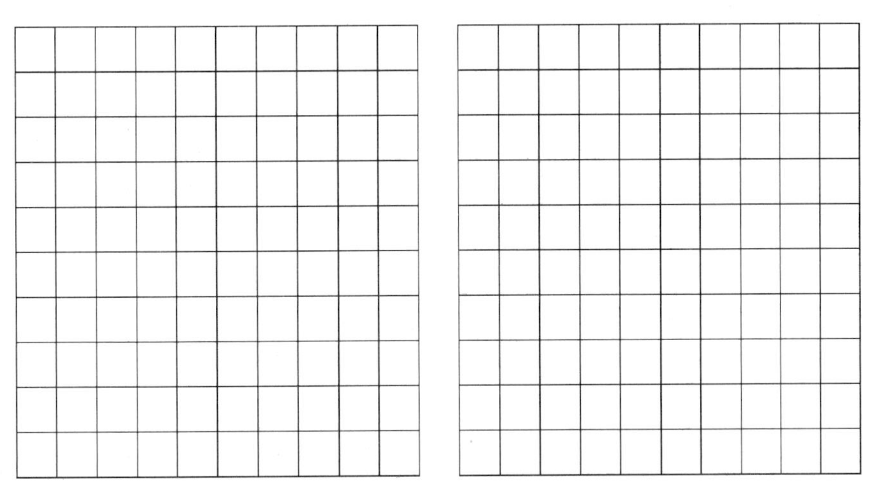

图 6.5　理论计算以 x_0 为输出的零极点图及幅频响应曲线

问题 6.2

测量图 6.3 以 x_1 为输出的系统函数，并判断这是一个什么性质的滤波器。3 dB 截止频率是多少？增益最大处对应频率是多少？3 dB 带宽是多少？记录并在图 6.6 中画出幅频响应曲线。

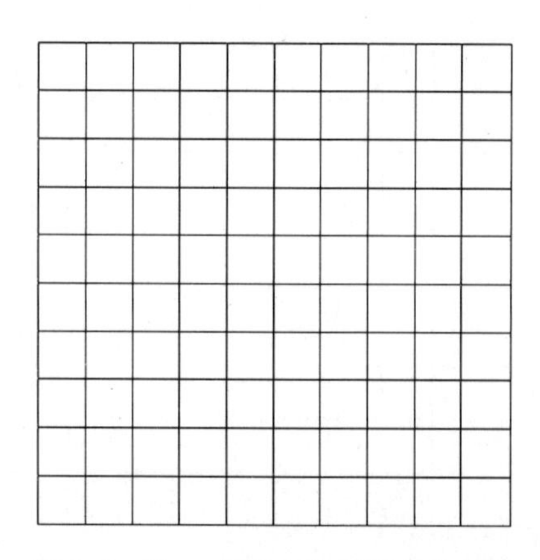

图 6.6　以 x_1 为输出的幅频响应曲线

2. 极点位置的影响

系统脉冲响应的 SIGEx 模型如图 6.7 所示。

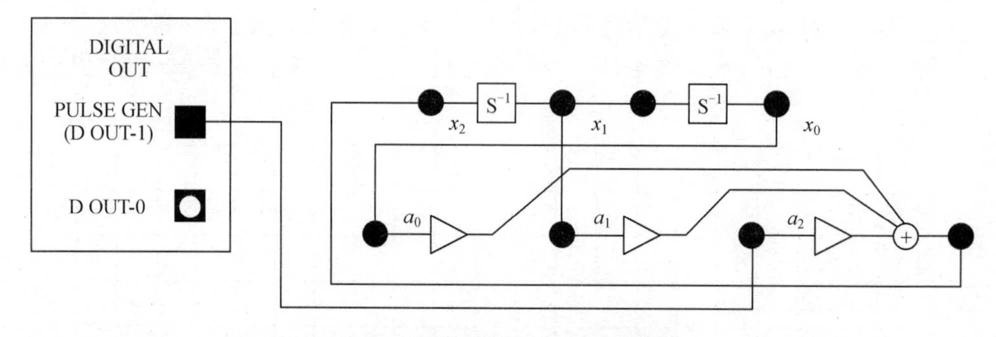

图 6.7　系统脉冲响应的 SIGEx 模型

设置如下：

①脉冲发生器(PULSE / CLK GENERATOR)：频率为 400 Hz，占空比为 5%。

②积分速率(INTERATION RATE)：开关拨至 ON，ON。

③加法器增益：$a_0 = -0.81$，$a_1 = -0.64$，$a_2 = +1.0$。

观察脉冲输入及 x_0 输出处的时域波形，记录在图 6.8 中。

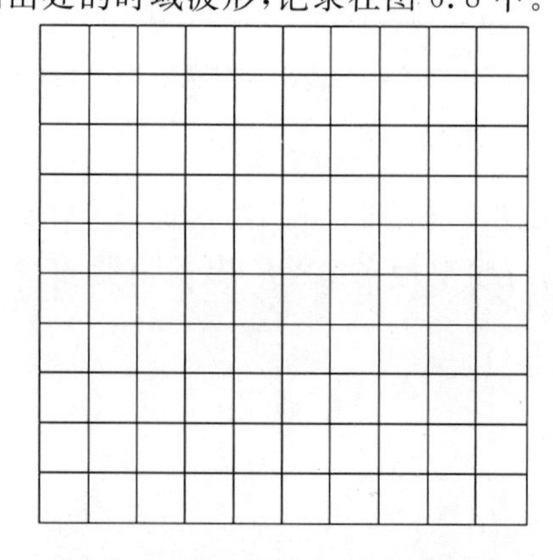

图 6.8　输入与 x_0 输出的时域图

问题 6.3

在拉普拉斯变换中，系统稳定的条件是什么？

问题 6.4

逐渐调高 a_1 的值到正数，观察 x_0 输出变化情况：①描述输出变化情况；②当 $a_1=0.01$ 时，发生了什么现象？将此时输出的波形记录在图 6.9 中(此时可以切断输入观察现象)。

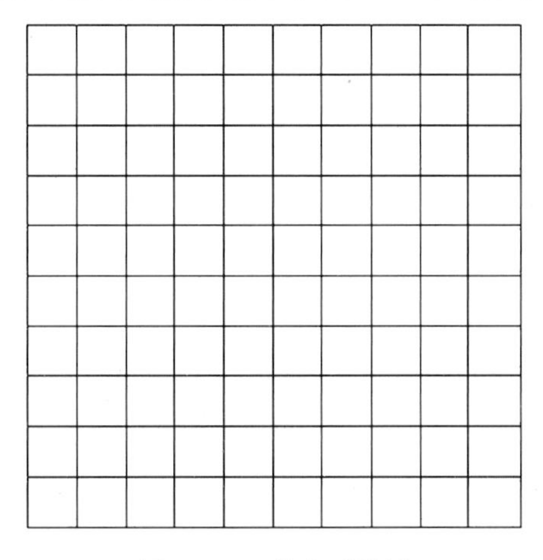

图 6.9　x_0 输出时域图

3. 反馈与前馈

二阶反馈系统的 SIGEx 模型如图 6.10 所示。

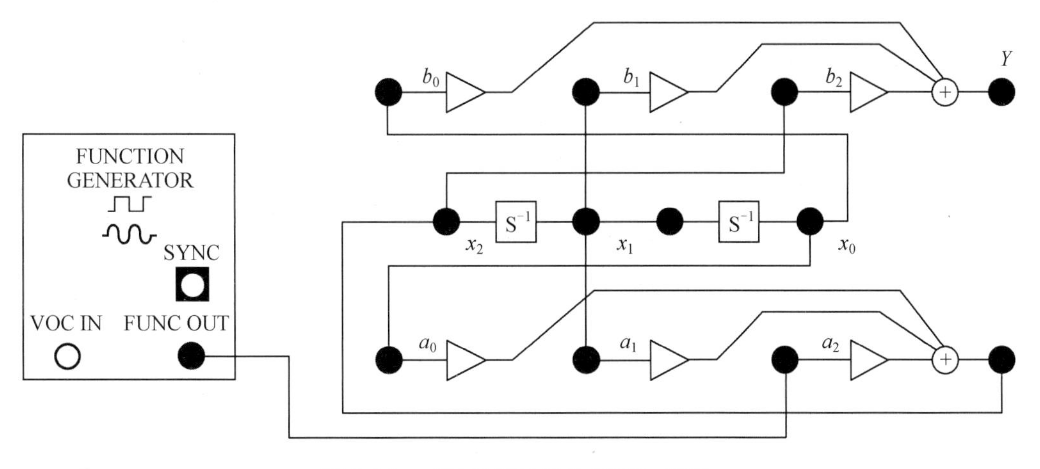

图 6.10　二阶反馈系统的 SIGEx 模型

设置如下：

①积分速率(INTERATION RATE)：开关拨到 ON，ON。

②加法器增益：$b_0=2, b_1=0, b_2=1; a_0=-0.81, a_1=-0.64, a_2=1.0$。

③函数发生器的发生信号：正弦波，幅值为 $2V_{pp}$。

问题 6.5

写出图 6.10 中 Y 的系统函数，并判断这是一个什么性质的滤波器。3 dB 截止频率是多少？增益最大处对应频率是多少？记录结果于图 6.11。

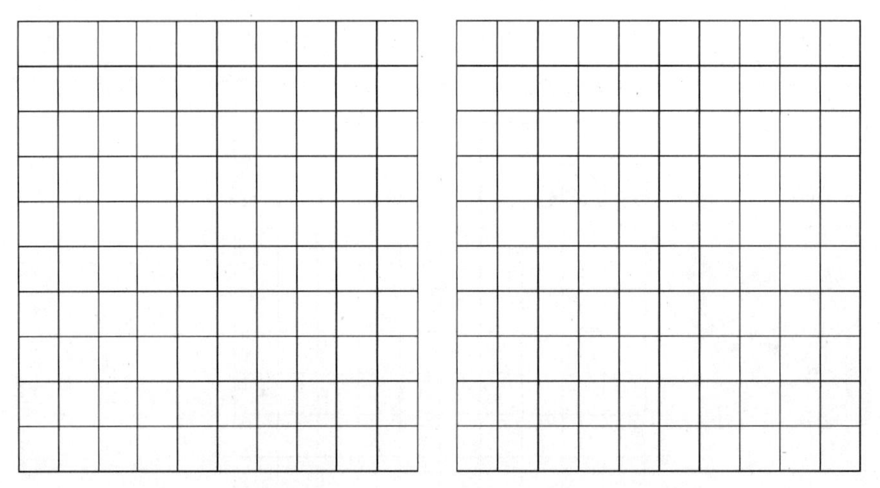

图 6.11　理论计算以 Y 为输出的零极点图及幅频响应曲线

问题 6.6

测量并画出以 Y 为输出的频率响应，并记录在图 6.12 中。增益最小处的频率是多少？

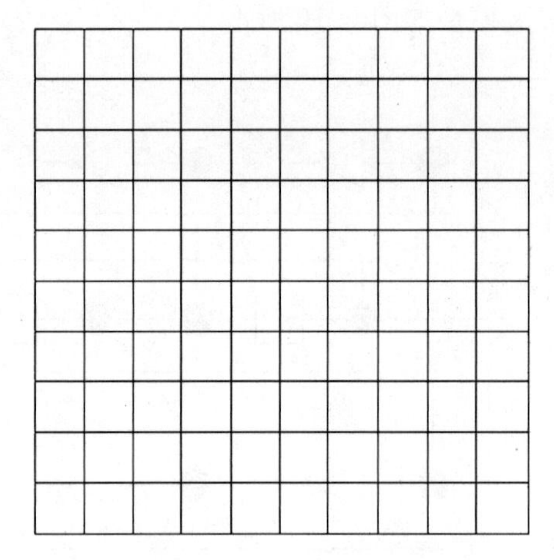

图 6.12　实验实测以 Y 为输出的幅频响应曲线

问题 6.7(选做)

怎样调节参数 b_2、b_1、b_0 可以使系统变为全通滤波器？

五、注意事项

(1)基本注意事项同实验 2。

(2)当第一次连接好该系统并设置加法器增益后，输出可能会卡在一个值上，这时积分器是饱和的，需要进行放电。具体操作是短暂地将输出与地短接后再及时断开。断开后，积分器将正常工作。

(3)此实验时域和频域的数据，可从实验程序中导出图片或导出数据后用 Matlab 绘图。

(4)注意区分测量数据和计算数据。

六、实验报告要求

(1)独立完成实验内容，诚实记录实验结果。

(2)实验中使用 Matlab 软件数据处理。

(3)实验思考题要写在实验报告中，实验体会、意见和建议写在实验结论之后。

实验 7　连续时间系统时域分析综合实验：RC 网络的时域分析

一、实验目的

(1)用阶跃响应、冲激响应来分析 RC 网络。

(2)使用卷积、拉普拉斯变换的方法分析 RC 网络。

(3)利用实际测量验证理论计算的结果。

二、实验预习要求

(1)根据阶跃响应的实验原理完成：①绘制式(7.5)的示意图，其中 $a=1\ 000$；②总结随着 t 无限增加，阶跃响应的渐进值的变化方式。

(2)脉冲函数的主要性质是什么？

(3)根据卷积的应用的实验原理完成：①在 $t>0$ 的范围内，绘制式(7.8)的示意图；②提出当$a_1=a_2$时，式(7.8)的简化方法。

(4)根据正弦波输入的响应的实验原理回答：当 $1/RC=1\ 000$ rad/s 时，绘制式(7.12)的示意图，并找出比值为 3 dB 的 ω 值。

三、实验原理

RC 网络是一个电荷存储网络的简单形式。电容器和电感等“存储单元”使信号发生延迟，通常称为信号相位的“超前”和“滞后”。RC 网络电路图和方块示意图如图 7.1 所示。

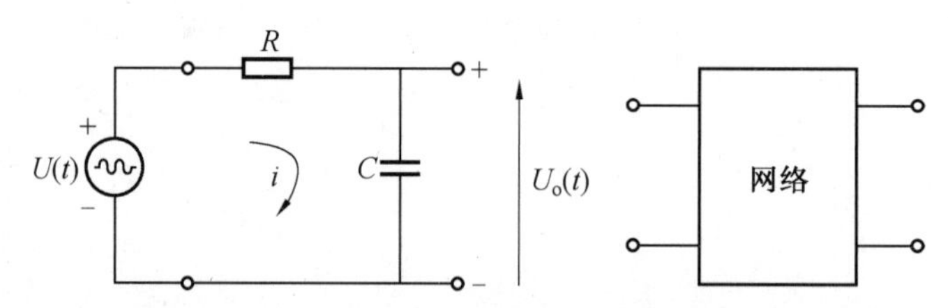

图 7.1　RC 网络电路图和方块示意图

(1)阶跃响应。

运用基本电路理论，图 7.1 所示 RC 网络电路的电压方程为

$$U_{in}(t)=i(t)\cdot R+U_C(t)=i(t)\cdot R+Q(t)/C \tag{7.1}$$

其中，$Q(t)$是电容器 C 中的电荷；U_C表示电容电压。求微分可得

$$\frac{\mathrm{d}}{\mathrm{d}t}U_{\mathrm{in}}=R\cdot\frac{\mathrm{d}i}{\mathrm{d}t}+i/C \tag{7.2}$$

考虑 $U_{\mathrm{in}}(t)$ 是幅值为 U_0 的阶跃函数并且电容器电荷在 $t=0$ 处为 $Q(t)=0$ 的情况。对于 $t>0$，$\frac{\mathrm{d}U_{\mathrm{in}}}{\mathrm{d}t}=0$，微分方程可以化简为

$$\frac{\mathrm{d}i}{\mathrm{d}t}=-ai \tag{7.3}$$

式中，$a=1/RC$。利用 $\frac{\mathrm{dln}\,i}{\mathrm{d}t}=1/i$ 证明微分方程的解为

$$i(t)=i_0\cdot \mathrm{e}^{-at},\quad t>0 \tag{7.4}$$

式中，$i_0=\frac{U_0}{R}$。由式(7.1)可得

$$U_{\mathrm{out}}(t)=U_{\mathrm{C}}(t)=U_{\mathrm{in}}(t)-R\cdot i_{\mathrm{out}}\cdot \mathrm{e}^{-at} \tag{7.5}$$

因此，阶跃响应为

$$U_{\mathrm{out}}/U_{\mathrm{in}}=1-\mathrm{e}^{-at} \tag{7.6}$$

用于描述 RC 网络的重要参数是时间常数 $\tau=RC$，由上面的表达式可知 $a=1/\tau$。RC 电路中的电阻和电容器件的实际大小通过影响时间常数影响阶跃响应的上升和下降速度。一个时间常数内，阶跃响应可以上升到最大值的 63%(1－1/e)或下降到最大值的 37%(1/e)，实际应用中可以使用这种方法测量一个 RC 网络的时间常数。

(2)冲激响应。

单位阶跃函数 $\varepsilon(t)$ 的微分在 $t=0$ 处产生一个单位脉冲，代入式(7.5)，则 RC 网络的冲激响应有 $h(t)=a\mathrm{e}^{-at}$。冲激响应在 $t=1/a$ 时降为初始值的 1/e。

(3)卷积的应用。

时间函数 x_1 及 x_2 的卷积可以表示为

$$x_1 * x_2=\int_0^t x_1(\tau)\,x_2(t-\tau)\mathrm{d}\tau,\quad t>0 \tag{7.7}$$

式中，卷积是 t 的函数；τ 是积分之后没有用途的哑变量。根据卷积的性质可得 $x_1 * x_2=x_2 * x_1$，如果 x_1 是单位脉冲，那么卷积 $x_1 * x_2=x_2(t)$。这些性质可应用到 RC 网络中。

假设将连续时间信号 $x_1(t)$ 近似为极窄的邻接脉冲之和，每个脉冲均可视为代表一个脉冲函数(每个函数均有自己的幅值)。然后，假设此以脉冲序列表示的 $x_1(t)$ 作为 RC 网络的输入。序列中的每个脉冲均产生一个输出，是系统冲激响应的精确(加权)近似。总输出即为这些(重叠)加权冲激响应近似之和，此和实际上是 x_1 与系统冲激响应 $h(t)$ 的卷积。通过常用的极限值方法可以将离散和合并为连续时间积分。

当 $t>0$ 时，$x_1(t)=\exp(-a_1t)$，$x_2(t)=\exp(-a_2t)$，有

$$x_1 * x_2=\frac{1}{a_2-a_1}(\mathrm{e}^{-a_1t}-\mathrm{e}^{-a_2t}) \tag{7.8}$$

(4)正弦波输入的响应。

当正弦波作为 RC 网络的输入时，可得

$$U_{\mathrm{in}}(t)=RC\frac{\mathrm{d}U_{\mathrm{out}}}{\mathrm{d}t}+U_{\mathrm{out}}(t) \tag{7.9}$$

使用复指数 $A_{in}\cdot\exp(j\omega t)$来表示输入正弦波($\exp(j\omega t)=\cos\omega t+j\cdot\sin\omega t$)。假设微分方程有一个解：

$$U_{out}=A_{out}e^{j\varphi}e^{j\omega t} \tag{7.10}$$

将复指数表示为 U_{in}、上述解表示为 U_{out}，并代入式(7.9)。当 $A_{in}=1$ 时，计算可得

$$A_{out}\cdot e^{\varphi}=\frac{1}{1+j\omega RC} \tag{7.11}$$

则有

$$U_{out}=\frac{U_{in}}{1+j\omega RC}=U_{in}\cdot\frac{\frac{1}{RC}}{j\omega+\frac{1}{RC}} \tag{7.12}$$

(5)利用拉普拉斯变换求解。

传递函数定义为 $U_{out}(s)\ /\ U_{in}(s)$时，RC 电路的传递函数为

$$\frac{U_{out}(s)}{U_{in}(s)}=H(s)=\frac{a}{s+a} \tag{7.13}$$

式中，$a=1/RC$。当 $y(t)=\exp(-at)$时，进行拉普拉斯变换，可得

$$L\{e^{-at}\}=\int_0^{\infty}e^{-at}\ e^{-st}\,dt=\int_0^{\infty}e^{-(s+a)t}\,dt=\frac{-1}{s+a}[e^{-(s+a)t}]_0^{\infty}=\frac{1}{s+a} \tag{7.14}$$

由此可以看出，冲激响应的拉普拉斯变换为传递函数。

(6)RC 网络的合成模型。

考虑拉普拉斯域的方程 $s\cdot U_{out}=a\cdot U_{in}+(-a)\cdot U_{out}$，使用积分器($S^{-1}$)对此方程进行建模。请注意：积分器输入处为 $s\cdot U_{out}$，此时合成“RC 网络”的输出为积分器(S^{-1})的输出。

四、实验步骤

1. RC 网络的阶跃响应

打开 SIGEx 程序的 Lab 10 选项卡，按照图 7.2 接线，以脉冲发生器模块作为输入信号源，脉冲发生器频率设为 50 Hz，占空比设为 50%。

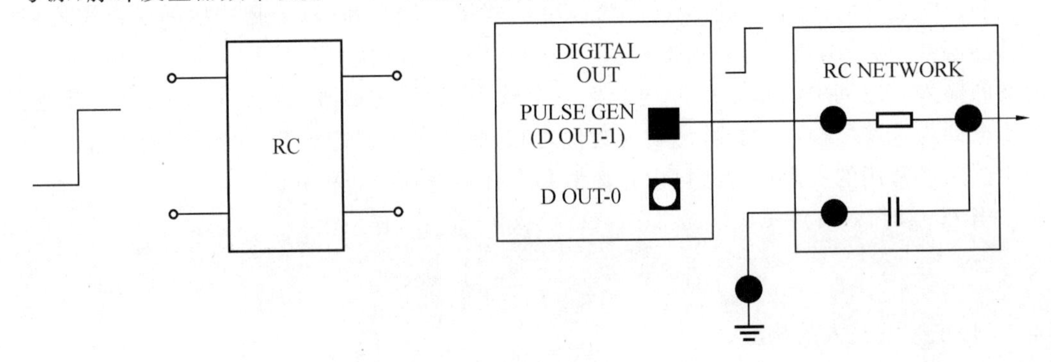

图 7.2　RC 网络框图及实验接线图

同时观察 RC 网络的输入和输出波形，并将波形记录到图 7.3 中，根据实验原理，RC

网络的单位阶跃响应为 $h(t)=(1-e^{-\frac{t}{RC}})u(t)$。

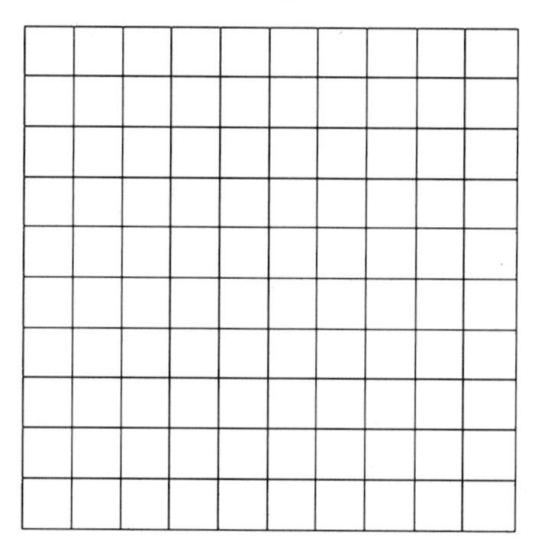

图 7.3　RC 网络的阶跃响应图

问题 7.1

通过示波器测量，RC 网络的时间常数为______ ms，阶跃响应的幅值为______ V，需要多长时间上升至比最高电平低 37％的水平？并在图 7.3 中作出相应的标记。

问题 7.2

根据实验原理，计算预期阶跃响应信号，其中 $R=10\ 000\ \Omega$，$C=100$ nF；因此，$RC=10^{-3}$，即 $1/RC=10^{3}=1\ 000$。该结果与实际测量结果是否相符？

2. RC 网络的冲激响应

仍然按照图 7.2 接线，改变脉冲发生器模块的占空比，使得 RC 网络的输入为一个脉冲信号。首先将占空比设置为 5％，观察并记录波形；然后将占空比调至 1％、将频率增至 100 Hz，观察并记录波形。

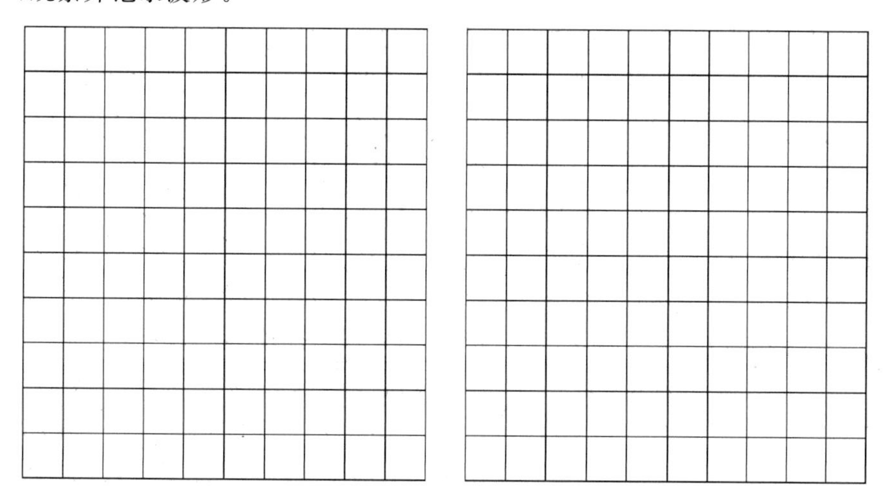

图 7.4　RC 网络的冲激响应图(5％，50 Hz；1％，100 Hz)

问题 7.3

5%,50 Hz 及 1%,100 Hz 的脉冲宽度分别是多少？最大幅值分别是多少？

移除观察输入信号的示波器，只使用通道 CH0 观察输出冲激响应，将触发改为 CH0,并设置合适的触发电平，观察输出冲激响应。RC 网络的单位冲激响应为

$$h(t)=\frac{1}{RC}e^{-\frac{t}{RC}}u(t)=1\,000\,e^{-1\,000t}u(t) \tag{7.15}$$

问题 7.4

根据实验原理，计算当使用实际值时，测得的冲激响应方程是什么，是否与理论相符。

3. RC 网络对指数脉冲的响应

将输入信号切换到模拟输出 DAC－0。在 Lab 10 选项卡中，DAC－0 的输出为指数脉冲信号，输出方程为

$$x(t)=e^{-500t}u(t) \tag{7.16}$$

以指数脉冲为输入激励信号的 RC 网络的接线如图 7.5 所示。

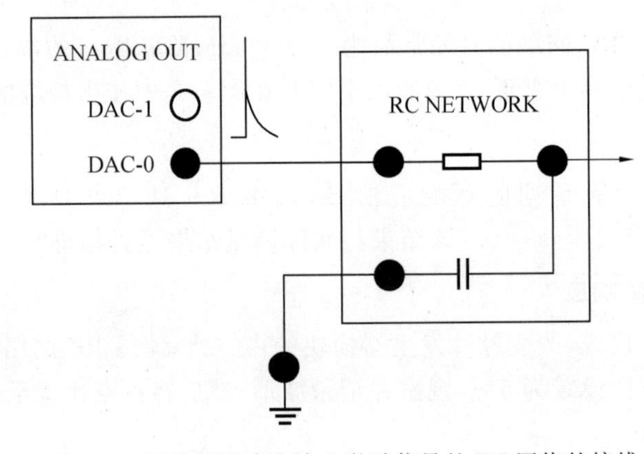

图 7.5　以指数脉冲为输入激励信号的 RC 网络的接线

将 CH1 与输入相连、CH0 与输出相连，调节示波器的时基和触发电平，观察 RC 网络的输入和输出，并记录在图 7.6 中。

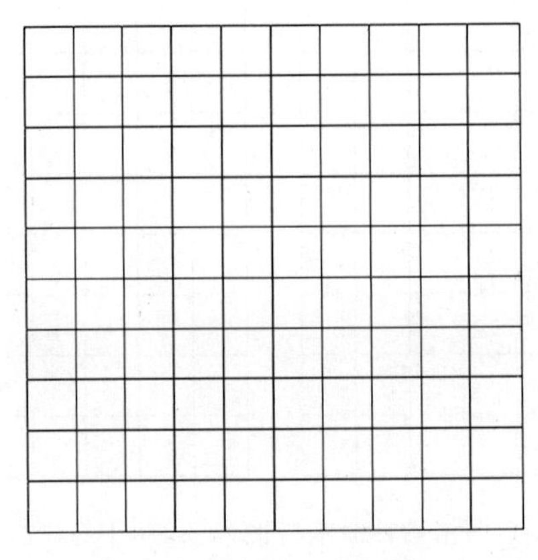

图 7.6　指数脉冲响应图

问题 7.5

根据式(7.8)推导指数输入脉冲激励下 RC 网络的输出波形的表达式,并用 Matlab 绘制该曲线。测量结果与此网络的理论输出是否相符?

4. 合成 RC 网络传递函数

由实验原理可知,RC 网络的冲激响应可表示为

$$h(t)=\frac{1}{RC}\mathrm{e}^{-t/RC}u(t)=1\ 000\ \mathrm{e}^{-1\ 000t}u(t) \tag{7.17}$$

并且,在拉普拉斯域的对应系统响应为

$$H(s)=(1/RC)/(s+(1/RC))=1\ 000/(s+1\ 000) \tag{7.18}$$

另外,拉普拉斯域的方程可以按照图 7.7 进行建模。图中,k/S 代表用定标因子 k 积分,k 的值通过积分速度指拨开关来设置。

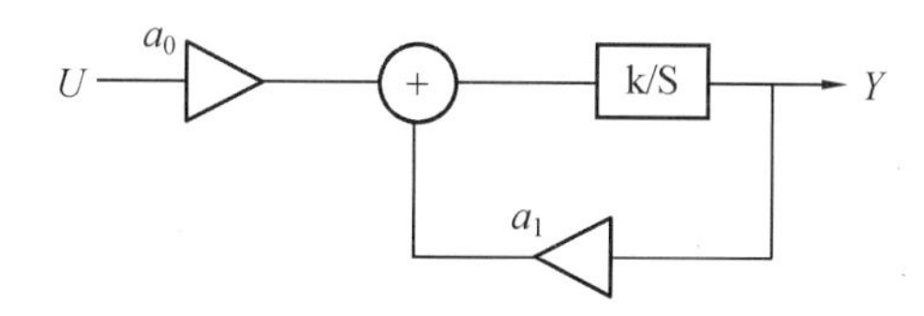

图 7.7　合成"RC 网络"方块示意图

问题 7.6

证明 $RC=\left|\frac{1}{k\cdot a_1}\right|$,其中 $|k\cdot a_1|=1\ 000$。

按图 7.8 进行接线,用阶跃响应和冲激响应研究其性质。阶跃响应设置如下:

①函数发生器:选择方波输出,幅值为 V_{pp},偏移为 0.5 V,频率为 100 Hz。

②加法器增益:$a_0=1.0$,$a_1=-0.1$,$a_2=0$。

③积分速度:指拨开关为 ON,ON。

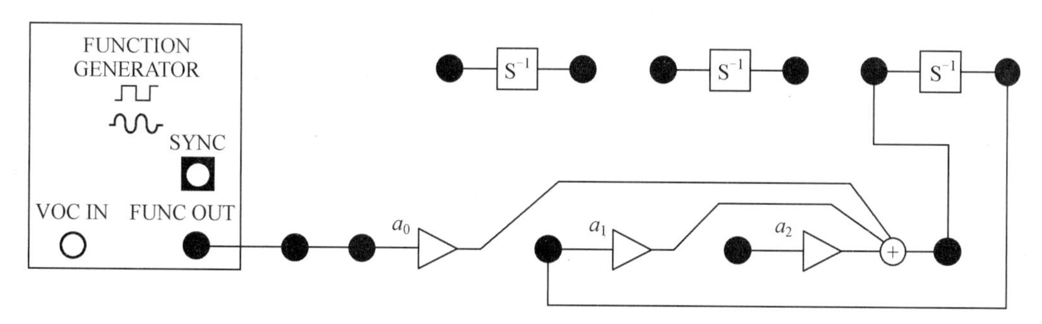

图 7.8　合成"RC 网络"接线图

选择合适的示波器时基和触发电平,观察阶跃响应,并记录在图 7.9 中。

对于冲激响应,采用脉冲发生器为信号源,频率为 100 Hz,占空比为 2%,选择合适的示波器时基和触发电平,观察冲激响应,并记录在图 7.9 中。

注意:合成"RC 网络"的输出为 S^{-1} 的输出。

观察发现:上述参数(a_0,a_1)并不足够精确,可以改变 a_0 和 a_1 的值,使合成"RC 网络"

的输出与实际 RC 网络更加接近。

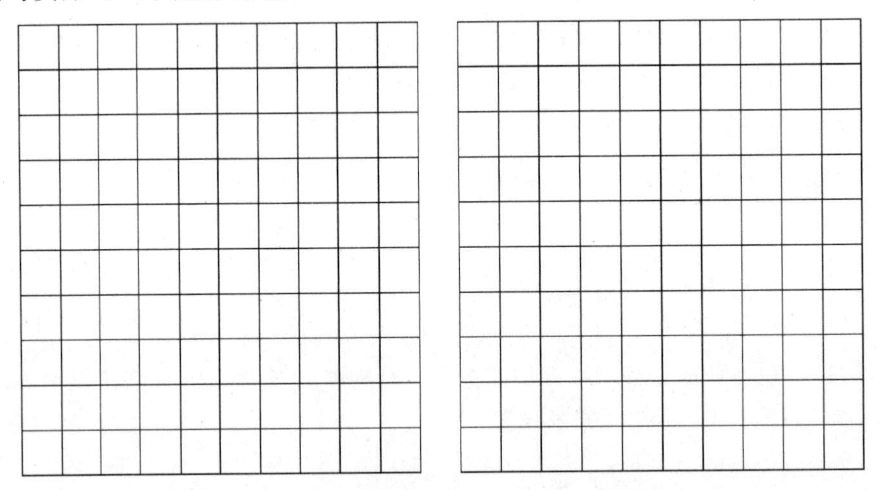

图 7.9 合成系统的阶跃响应和冲激响应

问题 7.7

当 a_0 和 a_1 的值是多少的时候，合成“RC 网络”与实际 RC 网络最相似？输出信号的方程是什么？与此网络的理论输出是否相符？

五、注意事项

（1）基本注意事项同实验 2。

（2）本次实验需要测量与计算相结合，尽量按照指导书顺序在实验的同时完成思考题。

六、实验报告要求

（1）独立完成实验内容，诚实记录实验结果。

（2）实验中所有绘图和数据处理，均要求使用 Matlab 软件。

（3）实验思考题要写在实验报告中，实验体会、意见和建议写在实验结论之后。

实验 8　相关与匹配滤波

一、实验目的

(1)理解自相关、互相关的概念。

(2)理解匹配滤波器工作原理。

(3)了解伪随机二进制(pseudo-random binary sequence, PRBS)序列。

二、实验预习要求

在实验报告上回答以下问题:

(1)写出信号 $x(t)$ 的自相关函数和互相关函数的数学表达式。

(2)输入信号为 $x(t)$,滤波器单位冲激响应为 $h(t)$,写出匹配滤波器的定义的数学表达式和系统冲激响应的数学表达式,简要说明匹配滤波器定义的数学表达式与系统冲激响应的数学表达式的不同。

三、实验原理

匹配滤波器是输出端的信号瞬时功率与噪声平均功率的比值(即信噪比)最大的线性滤波器,其滤波器的系统函数是信号频谱的共轭。匹配滤波器的主要作用为按照信号的幅频特性对输入波形进行加权,使输出信号所有频率分量都在输出端同相叠加而形成峰,提高信噪比,将噪声的影响降到最低。

四、实验步骤

1. 伪随机二进制序列的自相关性

PRBS 序列称为伪随机二进制序列,是具有已知固定序列长度的周期性数字序列。

打开 SIGEx 程序的 Lab 6 选项卡,按照图 8.1 接线,各项参数的设置如下:

①脉冲发生器:频率为 3 000 Hz;占空比为 50%。

②序列发生器:指拨开关设置为 ON,ON。

用示波器确认点 B、C、D 处的信号为 A 点原始信号的延迟。

问题 8.1

将图 8.1 中 Y DC 的引线与参考输入 X DC 相连接,将原始序列与其自身进行比较。乘法器的输出电压是多少? 解释原因。

问题 8.2

输入序列的周期是多少? 观察积分清零输出(I&D),记录上升时间和保持电压。估

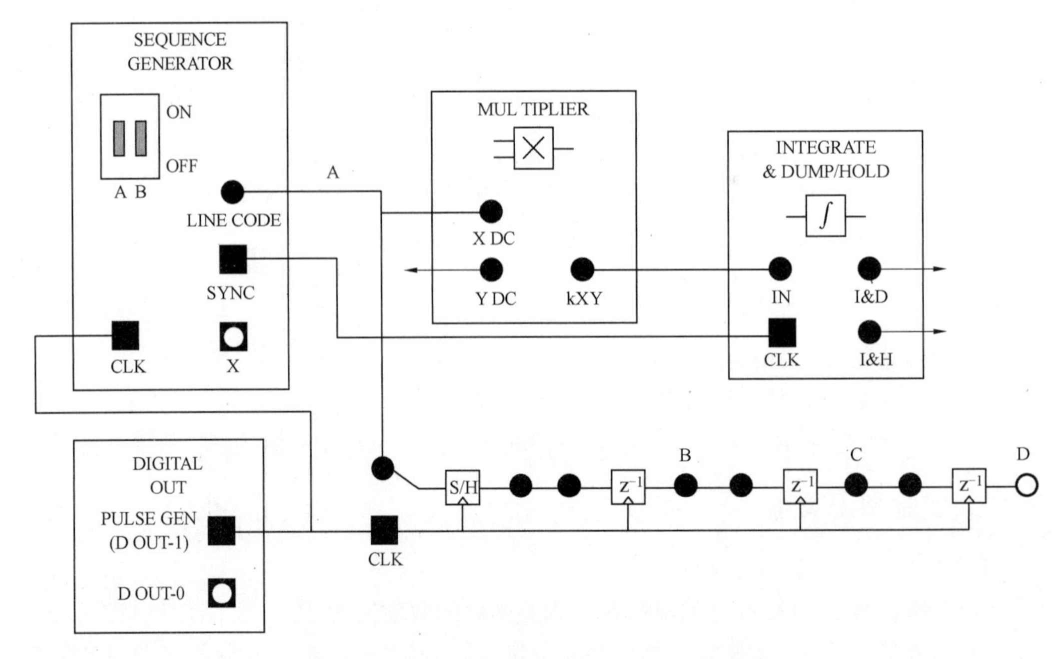

图 8.1　PRBS 序列自相关函数(ACF)的配置图

计模块没有达到饱和时,斜坡将达到的实际电压。计算时,以 V/s 为单位计算斜率,然后与积分周期相乘。

问题 8.3

将图 8.1 中 Y DC 处连接的线分别移至 B、C、D,并记录保持电压。

2. PRBS 序列的互相关函数

对于两个信号 $x(t)$和 $y(t)$,时间限定脉冲的互相关函数为

$$r_{xy}(\tau)=\int_0^T x(t)y(t+\tau)\,\mathrm{d}t \tag{8.1}$$

按照图 8.2 接线,并设置如下:

序列发生器指拨开关设置为 ON,ON。

DAC－0 提供的时钟信号为 3.3 kHz,类似于前面所用的时钟速率。观察序列发生器在 CH1 发出的 SYNC 信号及积分清零输出,确认此信号稳定,并且乘法器模块的乘积正在积分。改变软面板 Lab 6 上的数值控件“n”,观察积分的变化。在改变控件值时,观察模拟输出窗口,该窗口显示当前 DAC－1 和 DAC－0 的信号输出。序列将移位由“n”控件选定的位数。在本项练习中,你可以在整个可能位置范围内移动一个序列,即 0～31 位。

问题 8.4

在 0～30 范围内改变延迟指数“n”,记下积分保持输出(I&H)处的输出电平,并在图 8.3 上绘制此输出电平与移位指数之间的关系图。根据互相关结果,说明两个序列的相关性水平。

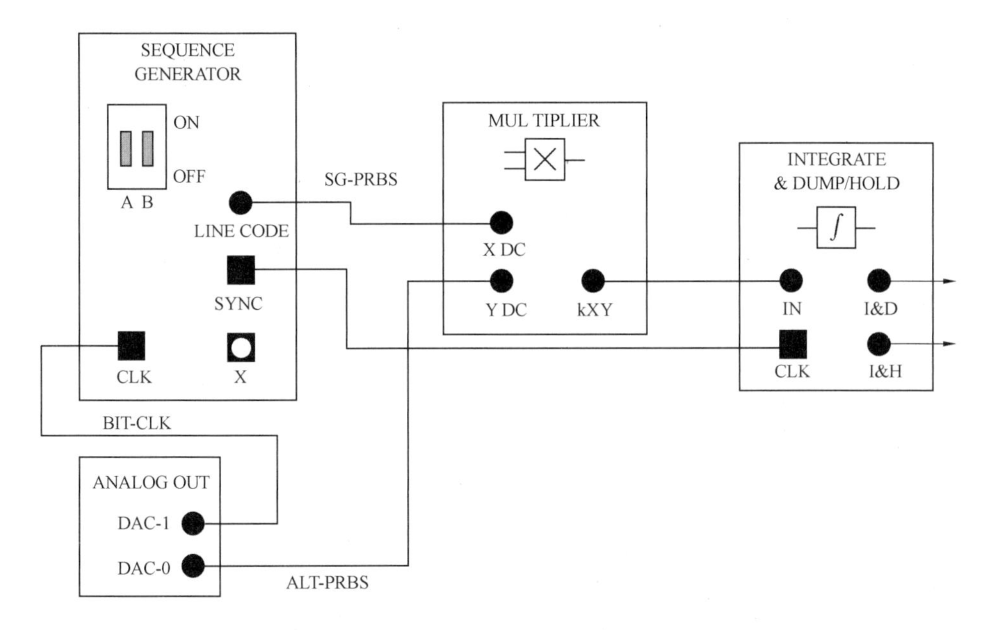

图 8.2　不同 PRBS 的互相关配置图

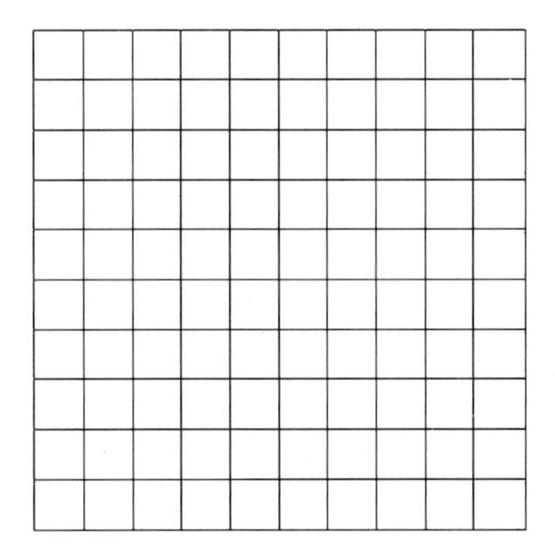

图 8.3　输出电平与移位指数之间的关系图

3. 自相关与匹配滤波

选择按钮的“指数脉冲”，在 DAC－1 处输出指数脉冲并在 DAC－0 处输出时移拷贝。时移由延迟指数控件进行控制，变化量为一个完整周期(0～100)。

按照图 8.4 进行接线，并将参数设置如下：

脉冲发生器频率为 100 Hz，占空比为 50%。

观察指数脉冲并在图 8.5 中绘出草图。在草图上测量并记录时间常数和峰值电压。时间常数是衰减到最大值的 36%(1/e)所需时间。

按照图 8.4 所示进行配置。在整个范围内(0～100)改变延迟指数控件“n”的值，在图 8.6 上绘制自相关函数(ACF)图形。为了方便，每 10 个指数点取 1 个读数。

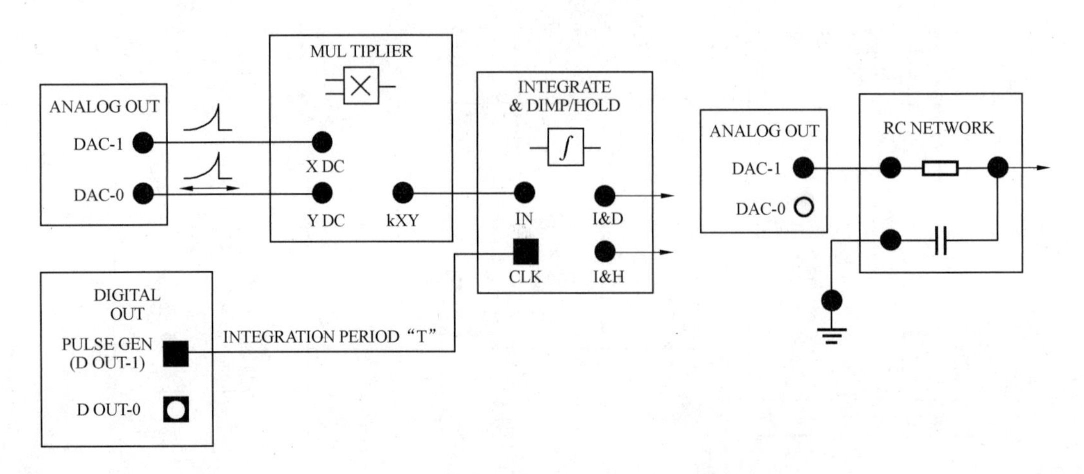

图 8.4　指数脉冲自相关函数(ACF)配置图

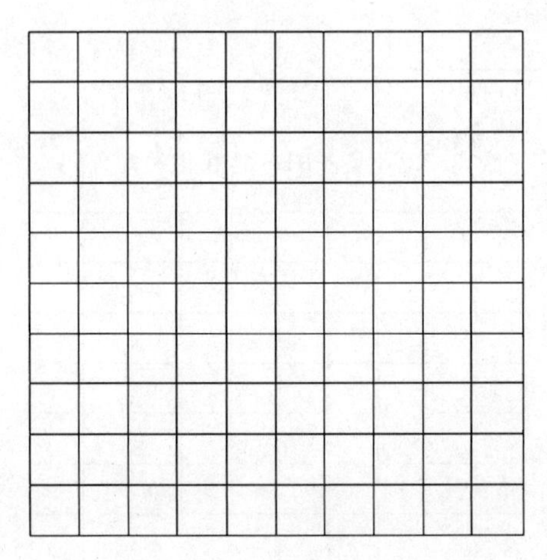

图 8.5　指数脉冲

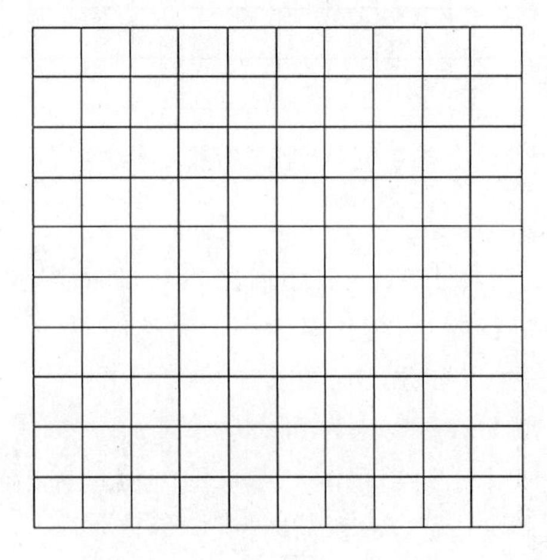

图 8.6　自相关函数(ACF)图形

问题 8.5

描述该自相关函数波形，并解释形成原因。

按图 8.7 接线，并在图 8.8 上绘制输出波形的图形。

注意：在本步骤中，没有发生静态信号的移位，此信号只是简单地通过系统，系统根据其特征响应作用于或者改变 RC NETWORK 模块。此相互作用称为“卷积”。

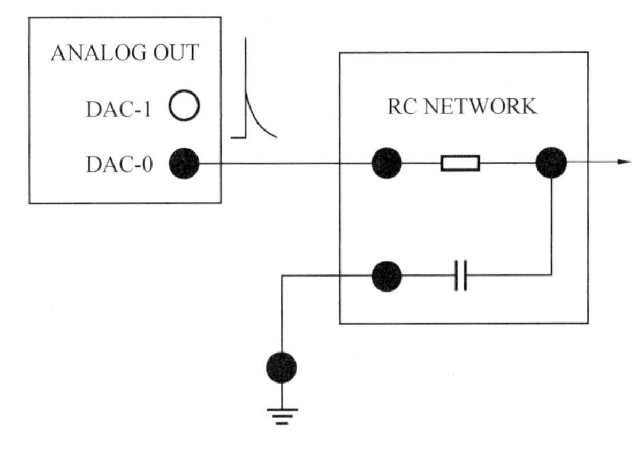

图 8.7　“匹配滤波器”的配置图

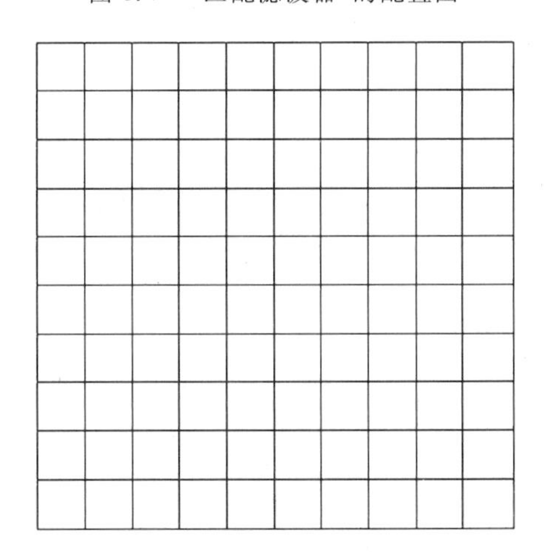

图 8.8　输出波形

4. 使用“积分清零”回路的匹配滤波器

大多数数据信号均采用矩形脉冲的形式。接收器处的最优滤波器，为使矩形脉冲的信噪比最大，应具有方波冲激响应。由于矩形脉冲是对称的，所以不涉及时间反转。

按照图 8.9 接线，并将参数设置如下：

①设置脉冲发生器，频率为 500 Hz，占空比为 50%。

②选择按钮“噪声”，使 DAC－1 处为均匀白噪声输出。

③$b_0=b_1=1.0$。

信号与所加噪声之比称为信噪比(SNR)，通常以分贝(dB)为单位，求解公式如下：

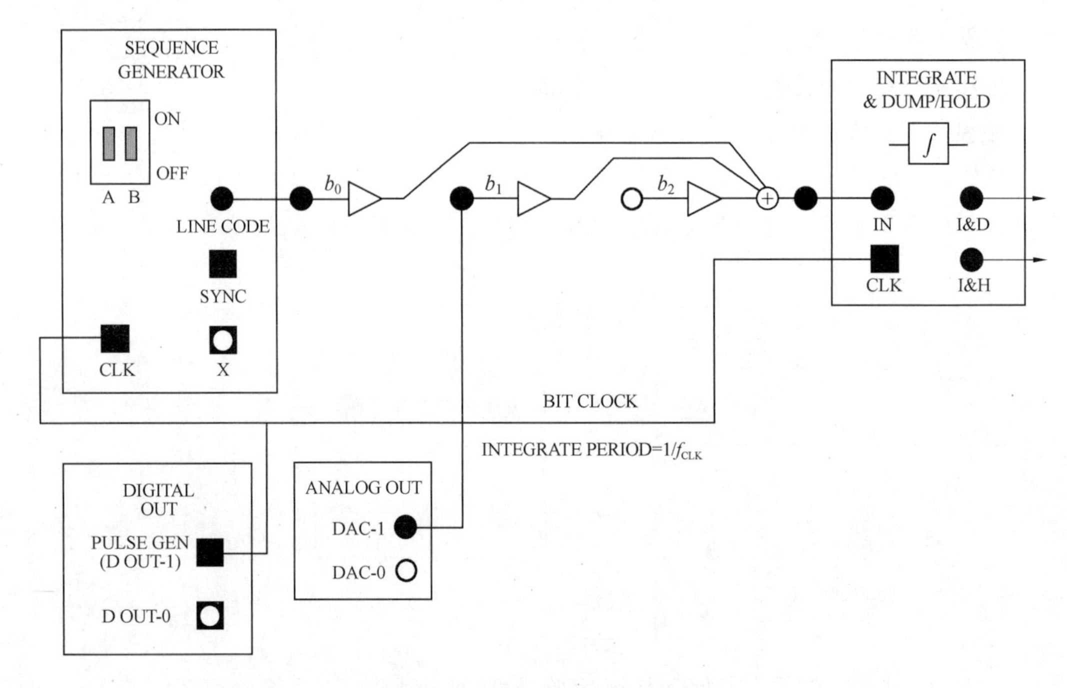

图 8.9　积分分清零滤波配置图

$$\mathrm{SNR_{dB}} = 20\lg \frac{V_2}{V_1} \tag{8.2}$$

其中 V_1 是输入信号电平，V_2 是噪声电平。

观察各个信号：无噪声原始数据、有噪声数据信号、“积分清零”信号，以及“积分保持”信号。

问题 8.6

观察此时“积分清零”(I&D)信号、“积分保持”(I&H)信号的输出，描述“积分保持”信号与输入信号的关系。继续调节信噪比，描述 $b_0=0.1$、$b_1=2$ 时输出信号(“积分保持”信号)变化(即输出信号码元的变化)。

问题 8.7

尽管噪声水平相对于信号水平非常高，然而积分过程仍然具有非常强大的噪声抑制能力(错误码元较少)。请解释原因。

问题 8.8

写出图 8.10 的输出信号的数学表达式。

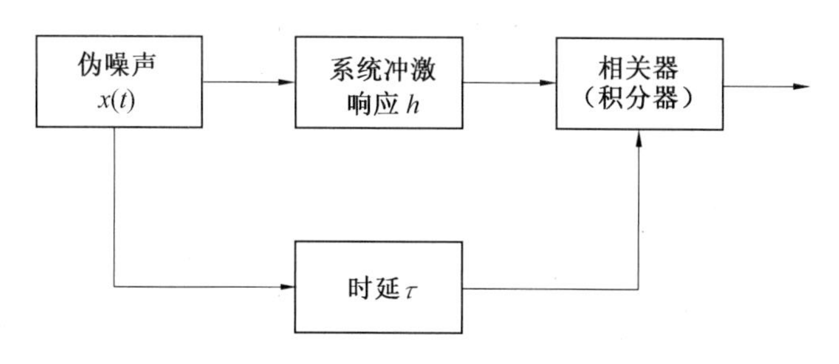

图 8.10　问题 8.8 示意图

五、注意事项

(1)基本注意事项同实验 2。

(2)本次实验需要测量与计算相结合,尽量按照指导书顺序在实验同时完成思考题。

六、实验报告要求

(1)独立完成实验内容,诚实记录实验结果。

(2)实验中所有绘图和数据处理,均要求使用 Matlab 软件。

(3)实验思考题要写在实验报告中,实验体会、意见和建议写在实验结论之后。

实验 9　z 变换

一、实验目的

(1)巩固 z 变换的概念,提高分析能力。

(2)掌握信号分析与处理的基本方法与实现。

(3)学习并使用 Matlab 语言进行编程实现课题要求。

二、实验预习要求

(1)复习离散时间信号的 z 变换和逆 z 变换。

(2)复习离散时间系统的系统函数特性,包括零极点分布与时域特性的关系。

三、实验原理

基于 LabVIEW Active 提供的 Matlab 编程接口进行 z 变换实验,利用 Matlab 自带的 ztrans()、iztrans()函数分别求出离散时间信号的 z 变换和逆 z 变换的结果,并用 pretty()函数进行结果美化。利用程序已有的零极点图,改变多项式的分子和分母系数,得到零点图坐标及极点坐标。该实验有利于加深对 z 变换函数的理解,巩固理论知识中的离散时间信号的传递函数与二次项式之间的转换。

四、实验步骤

1. 实验准备

(1)LabVIEW 软件使用。

①打开"z 变换. vi",如图 9.1 所示。

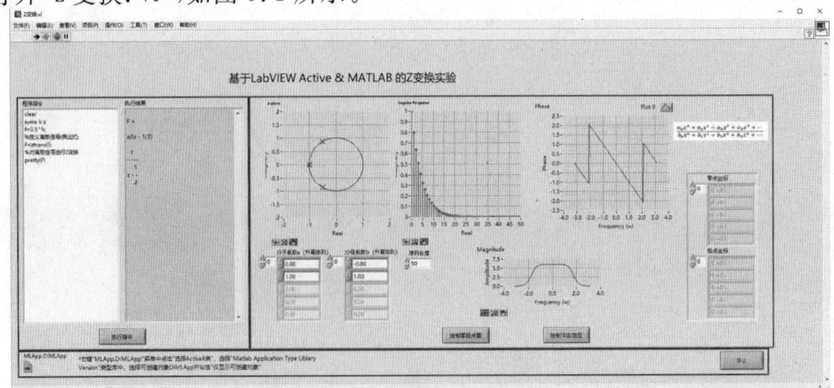

图 9.1　软件主界面图

②先右键点击左下角“ ”图标，在菜单中点击“选择 ActiveX 类”，从“Matlab Application (Version 9.0)Type”类型库中选择可创建对象“DIMLApp”并勾选“仅显示可创建对象”，如图 9.2 所示。

图 9.2　选择库函数

③点击图 9.1 前面板左上角“ ”图标开始运行程序。

④图 9.1 左框用于执行 Matlab 指令，在“程序指令”框输入 Matlab 运算指令，点击“执行指令按钮”后，等待 LabVIEW 调用 Matlab 引擎，几秒后“执行结果”框会显示结果(注意：请不要关闭弹出的 Matlab 对话框)，示例如图 9.3 所示。

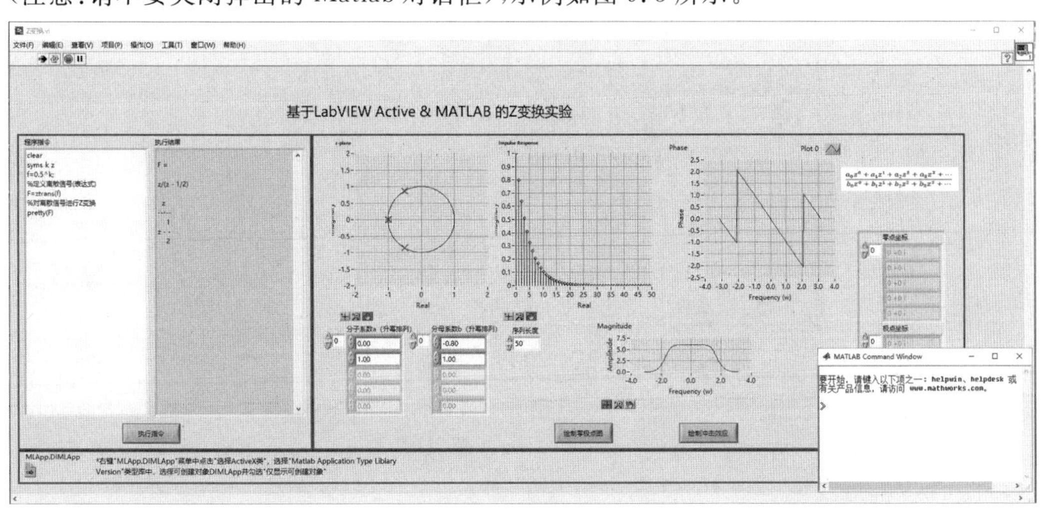

图 9.3　对话框示意图

⑤图 9.1 界面右侧用于绘制 z 域表达式的零极点图。分子系数 a、分母系数 b 分别是

表达式中分子分母的升幂排列系数。如求表达式$\dfrac{2z^0+3z^1}{4z^0+5z^1+6z^2}$的零极点，输入系数后，点击“绘制零极点图”即可得到零极点图与零极点坐标，如图 9.4 所示。

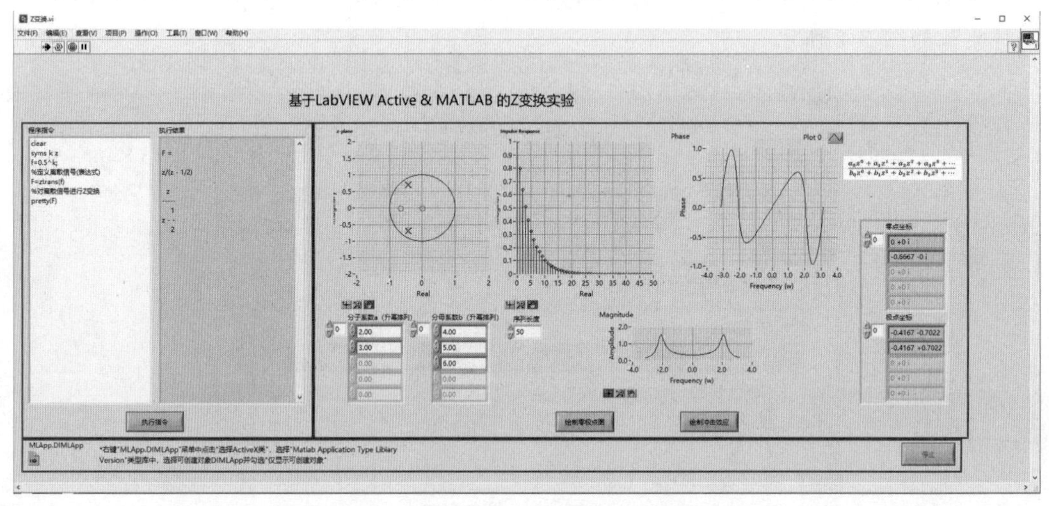

图 9.4　零极点图与零极点坐标示意图

(2)Matlab 软件。

在 Matlab 语言中有专门对信号进行 z 变换和逆 z 变换的函数 ztrans()和 iztrans()，如果已知信号的 z 变换 $F(z)$，要求出所对应的原离散序列 $f(k)$，就需要进行逆 z 变换。

其调用格式如下：

①F=ztrans(f)：对 $f(n)$进行 z 变换，其结果为 $F(z)$。

②F=ztrans(f,v)：对 $f(n)$进行 z 变换，其结果为 $F(v)$。

③F=ztrans(f,u,v) ：对 $f(u)$进行 z 变换，其结果为 $F(v)$。

④f=iztrans(F)：对 $F(z)$进行逆 z 变换，其结果为 $f(n)$。

⑤f=iztrans(F,u)：对 $F(z)$进行逆 z 变换，其结果为 $f(u)$。

⑥f=iztrans(F,v,u)：对 $F(v)$进行逆 z 变换，其结果为 $f(u)$。

例 9.1　用 Matlab 求出离散序列的 z 变换。

Matlab 程序如下：

```
clear
syms k z
f=0.5^k;                 %定义离散信号(表达式)
F=ztrans(f);             %对离散信号进行 z 变换
pretty(F)
```

运行结果如下：

```
Fz=z/(z-1/2)
```

例 9.2　已知一离散信号的 z 变换式，求出它所对应的离散信号 $f(k)$。

Matlab 程序如下：

```
clear
```

```
syms k z
Fz=2*  z/(2*z-1); %定义 z 变换表达式
fk=iztrans(Fz,k)      %求反 z 变换
pretty(fk);
```

运行结果如下：

```
fk=(1/2)^k
```

2. z 变换与逆 z 变换

根据给出的式子，设计运算指令求 z 变换与逆 z 变换，请在下方空白处完成运算指令的编写并利用实验软件进行验证，运行后请将运算结果截图记录。

(1)依据例 9.1，编写程序指令，求出 $x(n)=\left[\left(\frac{1}{2}\right)^n+\left(\frac{1}{3}\right)^n\right]u(n)$ 的 z 变换。

运算指令：

运算结果：

(2)依据例 9.1，编写程序指令，求出 $x(n)=n^4$ 的 z 变换。

运算指令：

运算结果：

(3)依据例 9.1，编写程序指令，求出 $x(n)=\sin(an+b)$ 的 z 变换。

运算指令：

运算结果：

(4)依据例 9.2，编写程序指令，求出 $X(z)=\frac{2z}{(z-2)^2}$ 的逆 z 变换。

运算指令：

运算结果：

(5)依据例 9.2，编写程序指令，求出 $X(z)=\frac{z(z-1)}{z^2+2z+1}$ 的逆 z 变换。

运算指令：

运算结果：

(6)依据例 9.2，编写程序指令，求出 $X(z)=\frac{1+z^{-1}}{1-2z^{-1}\cos\omega+z^{-2}}$ 的逆 z 变换。

运算指令：

运算结果：

3. 系统函数的零极点分布

离散时间系统的系统函数定义为系统零状态响应的 z 变换与激励的 z 变换之比，即

$$H(z)=\frac{Y(z)}{X(z)} \tag{9.1}$$

设系统函数 $H(z)$ 的有理函数表示式为

$$H(z)=\frac{b_1z^m+b_2z^{m-1}+\cdots+b_mz+b_{m+1}}{a_1z^n+a_2z^{n-1}+\cdots+a_nz+a_{n+1}} \tag{9.2}$$

(1)已知一离散因果线性时不变(linear and time-invariant，LTI)系统的系统函数为

$H(z)=\frac{z+0.32}{z^2+z+0.16}$，试用实验软件求该系统的零极点，并截取零极点图。

零点：$Z=$________。

极点：$P_1=$________；$P_2=$________。

零极点图：

(2)已知一离散因果 LTI 系统的系统函数为 $H(z)=\frac{z^2-0.36}{z^2-1.52z+0.68}$，试用实验软件求该系统的零极点，并截取零极点图。

零点：$Z_1=$________；$Z_2=$________。

极点：$P_1=$________；$P_2=$________。

零极点图：

4. 系统函数的零极点分布与其时域特性的关系

与拉普拉斯变换在连续系统中的作用类似，在离散系统中，z 变换建立了时域函数 $h(n)$与 z 域函数 $H(z)$之间的对应关系。因此，z 变换的函数 $H(z)$从形式可以反映 $h(n)$的部分内在性质。下面依旧通过讨论 $H(z)$的一阶极点情况来说明系统函数的零极点分布与系统时域特性的关系。

使用实验软件画出下列系统函数的零极点分布图，以及对应的时域单位取样响应 $h(n)$的波形，并分析系统函数的极点对时域波形的影响。

例 9.3　$H_1(z)=\frac{z}{z-0.8}$。

由系统函数得知：按照升幂排列，分子系数为[0,1]，分母系数为[−0.8,1]。

在实验程序“分子系数 a(升幂排列)”中输入[0,1]，“分母系数 b(升幂排列)”中输入[−0.8,1]，序列长度选择 50。输入完成后，点击“绘制冲击响应”按钮，如图 9.5 所示。

依据例 9.3，试用实验软件画出下列系统函数的零极点分布图，以及对应的时域单位取样响应 $h(n)$的波形，并分析系统函数的极点对时域波形的影响。

(1) $H_2=\frac{z}{z+0.8}$。

(2) $H_3=\frac{z}{z^2-1.2z+0.72}$。

(3) $H_4=\frac{z}{z^2-1.6z+1}$。

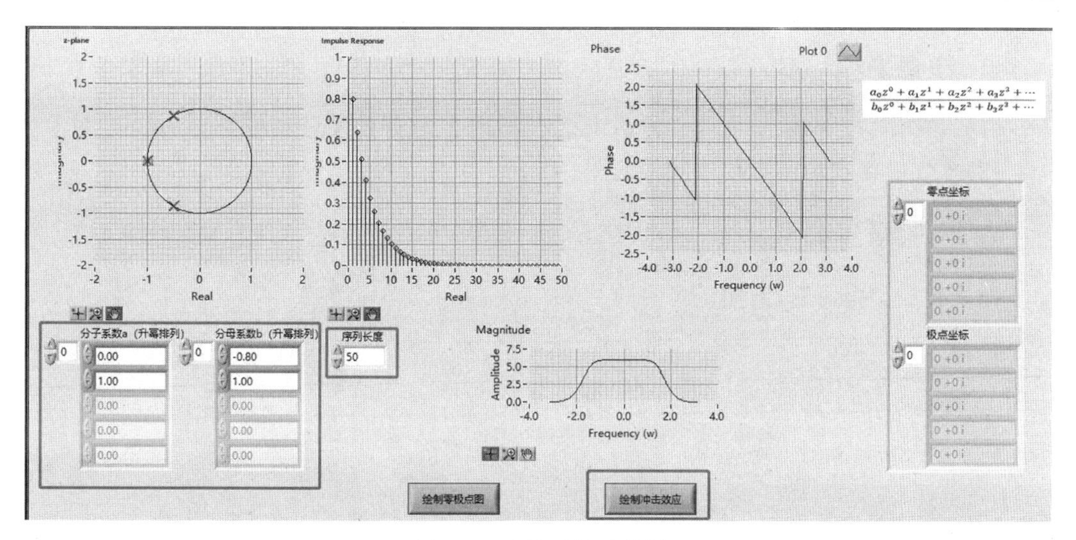

图 9.5　系统函数示意图

(4) $H_5=\dfrac{z}{z^2-2z+1.36}$。

5. 离散时间 LTI 系统的频率特性分析

对于因果稳定的离散时间系统，如果激励序列为正弦序列 $x(n)=A\sin(n\omega)u(n)$，则系统的稳态响应为 $y_{ss}(n)=A|H(e^{j\omega})|\sin[n\omega+\varphi(\omega)]u(n)$，其中 $H(e^{j\omega})$ 通常是复数。离散时间系统的频率响应定义为

$$H(e^{j\omega})=|H(e^{j\omega})|e^{j\varphi(\omega)} \tag{9.3}$$

式中，$|H(e^{j\omega})|$ 称为离散时间系统的幅频特性；$\varphi(\omega)$ 称为离散时间系统的相频特性；$|H(e^{j\omega})|$ 是以 ω_s 为周期的周期函数，$\omega_s=\dfrac{2\pi}{T}$，若 $T=1$，则 $\omega_s=2\pi$。因此，只要分析 $|H(e^{j\omega})|$ 在 $|\omega|\leqslant\pi$ 范围内的情况，便可分析出系统的整个频率特性。

试用实验软件绘制 $H(z)=\dfrac{z^2-0.396z+0.9028}{z^2-1.56z+0.8109}$ 的频率响应曲线，求出零极点、幅频特性与相频特性，并判断系统是否稳定。

零点：$Z_1=$________；$Z_2=$________。

极点：$P_1=$________；$P_2=$________。

零极点图：

幅频特性：

相频特性：

五、注意事项

(1)本实验与之前实验内容和方法明显不同,注意软件的安装和使用。

(2)本实验要求的图形使用软件截图。

六、实验报告要求

独立完成实验内容,诚实记录实验结果。

实验 10　Matlab 基础

一、实验目的

(1)对 Matlab 软件有一个基本的认识。
(2)理解矩阵(数组)概念及其各种运算和操作。
(3)掌握绘图函数。
(4)学会 M 文件(即.m 文件)的基本操作。

二、实验预习要求

(1)学会安装 Matlab 软件。
(2)条件允许的情况下,请在自己的电脑上安装 Matlab 软件。

三、实验仪器

实验仪器列表见表 10.1。

表 10.1　实验仪器列表

名称	数量	型号(推荐)
电脑	1	CPU i5 以上
Matlab 软件	1	2018 以上版本

四、实验原理

Matlab 是由 MathWorks 公司开发的一套功能强大的数学软件,也是当今科技界应用最广泛的计算机语言之一。它将数值计算、矩阵运算、图形图像处理、信号处理和仿真等诸多强大的功能集成在较易使用的交互式计算机环境之中,为科学研究、工程应用提供了一种功能强、效率高的编程工具。

Matlab 名字由 Matrix(矩阵)和 Laboratory(实验室)两个单词组合而成。由名字就可以看出,其最初的设计和使用是针对数学计算进行的,后来随着软件不断发展、升级,逐渐发展成一款在矩阵计算和数值分析方面首屈一指的商业数学软件。它可以进行矩阵运算、图形绘制、创建用户界面、仿真实验、连接其他编程语言等,被广泛应用于信号和图像处理、通信、控制系统设计、测试和测量、财务建模和分析及计算生物学等众多不同的学科领域。特别是 Matlab 所附带的几十种面向不同领域的工具箱(单独提供的专用 Matlab 函数集),使得它在许多科学领域中成为计算机辅助设计和分析、算法研究和应用开发的基本工具和首选平台。

在本书附录中，介绍了 Matlab 的基础知识及程序设计的基本方法。

五、实验步骤

1. 创建数据

在 Matlab 中，变量是以矩阵形式存在的。

(1)直接输入。

直接输入数据，按回车键后即返回结果。在语句后面加上一个分号，再按回车键，会发现返回值被隐藏起来了。

注意：Matlab 中引用一个变量无须先声明。

(2)通过函数创建。

有时需要定义一个连续变量(如时间变量向量)，如果采用刚才输入的方法会有些麻烦，那么可以采用冒号的方法产生向量。

例如，输入 t=1:10；然后，再试一下输入 tt=－5:0.5:－1。

从返回值中可以总结一些规律：一个冒号时，冒号前面是向量的起始值，冒号后面是结束值，默认步长是 1；两个冒号时，第一个冒号前面是向量的起始值，第二个冒号后面是结束值，两个冒号之间是步长。

如果想要创建 $n\times m$ 的矩阵，那么应利用分号(;)来进行分行。例如，输入 a=[1:5;6:10]。

(3)通过调用函数的方法产生矩阵。

例如，分别输入 zeros(2,3)、ones(3,2)、rand(3,3)、linspace(1,5,10)并观察输出结果，结果分别是全 0、全 1、随机矩阵。前面三个函数括号里面逗号前后的数分别表示行数和列数；linspace()函数的意义可以通过软件自带的帮助功能来查看。

查看函数的定义和使用方法有三种：一是在命令行窗口右键选中命令查看“关于所选内容的帮助”；二是在搜索栏中输入函数名称直接搜索；三是打开帮助对话框，在帮助对话框搜索查找函数。

注意：如果同一个变量重复赋值，工作空间(work space)将保存最后一次的赋值。

(4)导入数据文件

Matlab 还可以自动导入其他文件中的数据，常用到文件类型有.xlsx、.txt、.csv 等。

重要的数据可以通过保存工作区来进行保存，如果要清空所有工作区，可以使用 clear 命令。

注意：清空工作区后无法恢复，建议不要轻易使用此命令！

2. 基本运算函数

(1)提取矩阵中的某些元素。

首先随机定义一个 5×5 的矩阵 $\boldsymbol{A}$。

依次输入 $\boldsymbol{A}$(6)、$\boldsymbol{A}$(15)、$\boldsymbol{A}$(19)，查看返回值。

可以得到结论：矩阵在 Matlab 中是以一维数组的形式存储的。首先是第一列，接着是第二列，然后是第三列……直到最后一列。

如果想要提取其中第二行，输入 **A**(2，:)；想要提取其中第二列，输入 **A**(:，2)。逗号前后分别是行、列序号。冒号前后分别表示从第几个到第几个，如果没有值则表示所有值。

(2)矩阵的基本运算。

矩阵的基本运算包括：加、减、乘、除、幂运算、转置，这些运算符号和函数在附录中会给出。另外，可以通过 clc 命令清空命令行窗口。

注意：如果在乘方运算符前面加上一个点，则表示矩阵中的每个元素做平方运算。其他运算符也是一样的，在其前面加上一个点表示对矩阵元素的操作。

3. 绘图函数

plot()函数是最基本的绘图函数，也是最常用的绘图函数。

输入 plot(x)时，默认绘图的横坐标为序号，纵坐标为 x 数组的值。输入 plot(x，y)时，绘图以 x 的值为横坐标，以 y 的值为纵坐标。

绘图函数的用法在附录中有详细介绍。

当想在同一副图中绘制多条曲线时，可以输入 hold on 命令；绘制完成后，输入 hold off 命令。绘图时，还可以通过改变绘图线条颜色或形状添加图形标注与网格等，这些内容都在附录中有说明。

4. M 文件基本操作

在实际应用中，直接在 Matlab 工作空间的命令窗口中输入简单的命令并不能够满足用户的所有需求，因此 Matlab 提供了另一种强大的工作方式，即利用 M 文件编写工作方式。

实际运用中，可以通过 Matlab 新建、编辑和保存 M 文件，也可以将任意记事本文件重命名为 M 文件，然后通过 Matlab 软件打开该文档进行编辑和保存。

M 文件的基本操作和调试程序基本内容可以查看附录。

六、注意事项

(1)所有任务都必须独立完成，可以查书或利用百度、谷歌等搜索引擎，但是不允许复制粘贴(应自律)，对每个任务都应尽可能详细回答，不能敷衍。

(2)实验室计算机系统盘自动还原，请不要把数据存在系统盘或桌面。

(3)使用计算机和上网请遵守国家法律法规。

(4)实验结束后，请关闭计算机。

七、实验报告要求

(1)独立完成实验内容，诚实记录实验结果。

(2)实验报告须包括：

①电子版的实验报告。

②程序源文件：*.m。

以上内容请按照顺序放到一个文件夹内，并将文件夹命名为：学号－姓名－实验＊，如：123456－张三－实验一。

实验11　周期信号的分解与合成

一、实验目的

(1)熟练使用 Matlab 软件。

(2)掌握连续周期信号的频谱分析方法——傅里叶级数及其物理意义。

二、实验预习要求

(1)复习周期连续信号的傅里叶级数及非周期连续信号的傅里叶变换。

(2)回答以下问题:频谱的物理意义是什么?简述连续周期信号频谱的特点。以周期矩形脉冲信号为例,分析当信号的周期 T 和脉冲宽度 τ 发生变化的时候,信号的频谱将如何变化。

三、实验原理

(1)周期信号的三角函数傅里叶级数。

设周期为 T 的周期信号 $f(t)$ 满足"狄利克雷(Dirichlet)条件",则按照傅里叶级数的定义,$f(t)$ 可以由三角函数线形组合来表示,即

$$f(t)=a_0+\sum_{n=1}^{\infty}(a_n\cos n\omega_0 t+b_n\sin n\omega_0 t) \tag{11.1}$$

式中,ω_0 为周期信号的角频率,$\omega_0=2\pi/T$;a_0,a_n 和 b_n 称为傅里叶级数,可以由以下各式求出:

$$a_0=\frac{1}{T}\int_{t_0}^{t_0+T}f(t)\mathrm{d}t \tag{11.2}$$

$$a_n=\frac{2}{T}\int_{t_0}^{t_0+T}y(t)\cdot\cos n\omega_0 t\mathrm{d}t,\quad n=1,2,\cdots \tag{11.3}$$

$$b_n=\frac{2}{T}\int_{t_0}^{t_0+T}y(t)\cdot\sin n\omega_0 t\mathrm{d}t,\quad n=1,2,\cdots \tag{11.4}$$

利用三角函数恒定等式:

$$a_n\cos n\omega_0 t+b_n\sin n\omega_0 t=c_n\cos(n\omega_0 t+\theta_n) \tag{11.5}$$

式中,$a_n=c_n\cos\theta_n$;$b_n=-c_n\sin\theta_n$。将式(11.5)代入式(11.1),即可把三角傅里叶级数写成更为简洁的余弦-相位形式:

$$f(t)=c_0+\sum_{n=1}^{\infty}c_n\cos(n\omega_0 t+\theta_n),\quad t_0\leqslant t\leqslant t_0+T \tag{11.6}$$

式中

$$c_0 = a_0, c_n = \sqrt{a_n^2 + b_n^2}, \quad \theta_n = -\arctan\frac{b_n}{a_n} \tag{11.7}$$

结果表明，任何满足狄利克雷条件的周期信号都可分解为一系列不同频率的余弦信号的叠加。其中 c_0 是常数项，它是周期信号中包含的直流分量；$c_n\cos(n\omega_0 t+\theta_n)$ 称为周期信号的 n 次谐波，c_n 表示谐波分量的幅值，θ_n 表示谐波分量的初始相位。

(2) 周期信号的指数傅里叶级数。

复指数集 $\exp(\mathrm{j}n\omega_0 t)(n=0,\pm1,\pm2,\cdots)$ 在时轴上的任一周期内 $T=2\pi/\omega_0$ 内是正交的，即

$$\int_T \mathrm{e}^{\mathrm{j}m\omega_0 t}(\mathrm{e}^{\mathrm{j}n\omega_0 t})^* \mathrm{d}t = \int_T \mathrm{e}^{\mathrm{j}(m-n)\omega_0 t}\mathrm{d}t = \begin{cases}0, m\neq n\\ T, m=n\end{cases} \tag{11.8}$$

则周期信号 $f(t)$（周期为 T）可以展开成指数傅里叶级数

$$f(t) = \sum_{n=-\infty}^{\infty} F_n\,\mathrm{e}^{\mathrm{j}n\omega_0 t} \tag{11.9}$$

式中

$$F_n = \frac{1}{T}\int_T y(t)\cdot \mathrm{e}^{-\mathrm{j}n\omega_0 t}\mathrm{d}t \tag{11.10}$$

可见，周期信号可以分解为一系列不同频率的虚指数信号的叠加，式中 F_n 称为傅里叶复系数。

实际上，可以直接从三角傅里叶级数推导出指数傅里叶级数。利用欧拉公式中的谐波分量可以表示为

$$\begin{aligned} c_n\cos(n\omega_0 t+\theta_n) &= \frac{c_n}{2}\left[\mathrm{e}^{\mathrm{j}(n\omega_0 t+\theta_n)} + \mathrm{e}^{-\mathrm{j}(n\omega_0 t+\theta_n)}\right] \\ &= \underbrace{\left(\frac{c_n}{2}\mathrm{e}^{\mathrm{j}\theta_n}\right)}_{F_n}\mathrm{e}^{\mathrm{j}n\omega_0 t} + \underbrace{\left(\frac{c_n}{2}\mathrm{e}^{-\mathrm{j}\theta_n}\right)}_{F_{-n}}\mathrm{e}^{-\mathrm{j}n\omega_0 t} \\ &= F_n\mathrm{e}^{\mathrm{j}n\omega_0 t} + F_{-n}\mathrm{e}^{-\mathrm{j}n\omega_0 t} \end{aligned} \tag{11.11}$$

已知三级傅里叶级数的余弦－相位形式为

$$f(t) = c_0 + \sum_{n=1}^{\infty} c_n\cos(n\,\omega_0 t+\theta_n) \tag{11.12}$$

将式(11.11)代入上式，且令 $c_0=F_0$，即可得到

$$\begin{aligned} f(t) &= F_0 + \sum_{n=1}^{\infty}(F_n\mathrm{e}^{\mathrm{j}n\omega_0 t} + F_{-n}\mathrm{e}^{-\mathrm{j}n\omega_0 t}) \\ &= \sum_{n=-\infty}^{\infty} F_n\mathrm{e}^{\mathrm{j}n\omega_0 t} \end{aligned} \tag{11.13}$$

由此可见，指数傅里叶级数是三角傅里叶级数的另一种表达方式。表 11.1 给出了周期信号的三角函数傅里叶级数和指数傅里叶级数及其系数，以及系数之间的关系。

表 11.1　周期信号三角函数傅里叶级数及指数傅里叶系数关系表

形式	指数傅里叶级数	三角傅里叶级数
周期信号傅里叶级数展开式	$f(t)=\sum_{n=-\infty}^{\infty}F_n e^{jn\omega_0 t}$ $F_n=\lvert F_n\rvert e^{j\theta_n}$	$f(t)=a_0+\sum_{n=1}^{\infty}(a_n\cos n\omega_0 t+b_n\sin n\omega_0 t)$ $=c_0+\sum_{n=1}^{\infty}c_n\cos(n\omega_0 t+\theta_n)$
傅里叶系数	$F_n=\frac{1}{T}\int_{t_0}^{t_0+T}f(t)\,e^{-jn\omega_0 t}\,dt$, $n=0,\pm1,\pm2,\pm3,\cdots$	$a_0=\frac{1}{T}\int_{t_0}^{t_0+T}f(t)dt$ $a_n=\frac{2}{T}\int_{t_0}^{t_0+T}f(t)\cos(n\omega_0 t)\,dt,\ n=1,2,3,\cdots$ $b_n=\frac{2}{T}\int_{t_0}^{t_0+T}f(t)\sin(n\omega_0 t)\,dt,\ n=1,2,3,\cdots$ $c_0=a_0$ $c_n=\sqrt{a_n^2+b_n^2},n=1,2,3,\cdots$ $\theta_n=-\arctan\frac{b_n}{a_n},n=1,2,3,\cdots$
系数间的关系	$F_n=\frac{1}{2}c_n e^{j\theta_n}=\frac{1}{2}(a_n-jb_n)$ $\lvert F_n\rvert=\frac{1}{2}c_n=\frac{1}{2}\sqrt{a_n^2+b_n^2}$, 是 n 的偶函数 $\theta_n=-\arctan\frac{b_n}{a_n}$,是 n 的奇函数	$a_n=c_n\cos\theta_n=F_n+F_{-n}$,是 n 的偶函数 $b_n=-c_n\sin\theta_n=j(F_n-F_{-n})$,是 n 的奇函数 $c_n=2\lvert F_n\rvert$ 注意:把 $-n$ 代入F_n 可以求得F_{-n}

四、实验内容

1. 周期信号的分解与合成

Matlab 的可视化功能为用户直观地观察和分析周期信号的分解和合成提供了便利。下面给出一个例子,利用 Matlab 观察周期方波信号分解和合成的实现方法和结果。

例 11.1　周期方波信号时域波形如图 11.1 所示,求出该信号三角函数形式的傅里叶级数,并用 Matlab 编程实现各次谐波叠加情况的观察与分析。

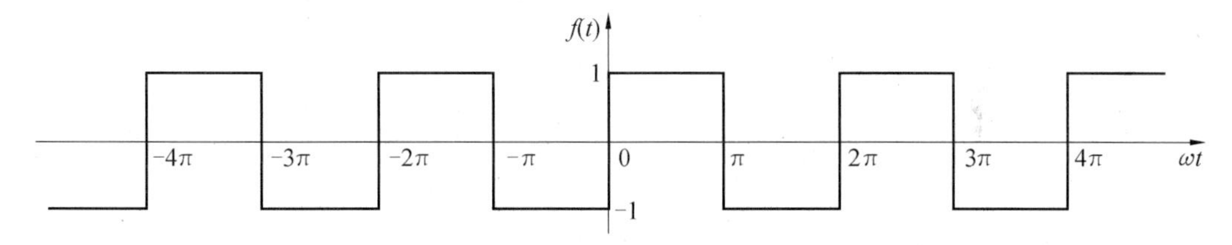

图 11.1　周期方波信号时域波形

解：

由图可知，该方波信号的周期 $T=2\pi$，且为奇函数，故 $a_n=0$，所以

$$f(t)=\sum_{n=1}^{\infty} b_n \sin n\omega t \tag{11.14}$$

由式(11.14)可以计算得到

$$b_n=\begin{cases}0, & n=2,4,6,\cdots \\ \dfrac{4}{n\pi}, & n=1,3,5,\cdots\end{cases} \tag{11.15}$$

则该周期方波信号的傅里叶级数为

$$f(t)=\frac{4}{\pi}\left\{\sin t+\frac{1}{3}\sin 3t+\cdots+\frac{1}{2n-1}\sin[(2n-1)t]+\cdots\right\},n=1,2,\cdots \tag{11.16}$$

因此，只要由 b_n 计算出 $f(t)$ 各次谐波的振幅，再根据各次谐波的频率，就可以利用 Matlab 绘出周期方波信号的各次谐波叠加后的波形。完成上述观察和分析过程的 Matlab 程序见 Exp. m 文件。图 11.2 为输入 $m=4$ 的程序运行结果。由图中可以看到，周期信号合成中包含的谐波分量越多，合成波形越接近原来的周期方波信号。但是，由于周期方波信号包含间断点(跳变点)，因此在间断点附近，随着包含谐波次数的增加，合成波形的尖峰越来越接近间断点，但尖峰幅度未明显减小，这在本书中已经进行了详细的分析，即使合成波形含有的谐波次数 $n\to\infty$ 时，在间断处仍然有约 9% 的偏差，这就是吉布斯(Gibbs) 现象。在傅里叶级数的项数取得很大时，间断点处尖峰下的面积非常小以致趋近于零，因而在均方的意义下合成波形同原波形的真值之间没有区别。

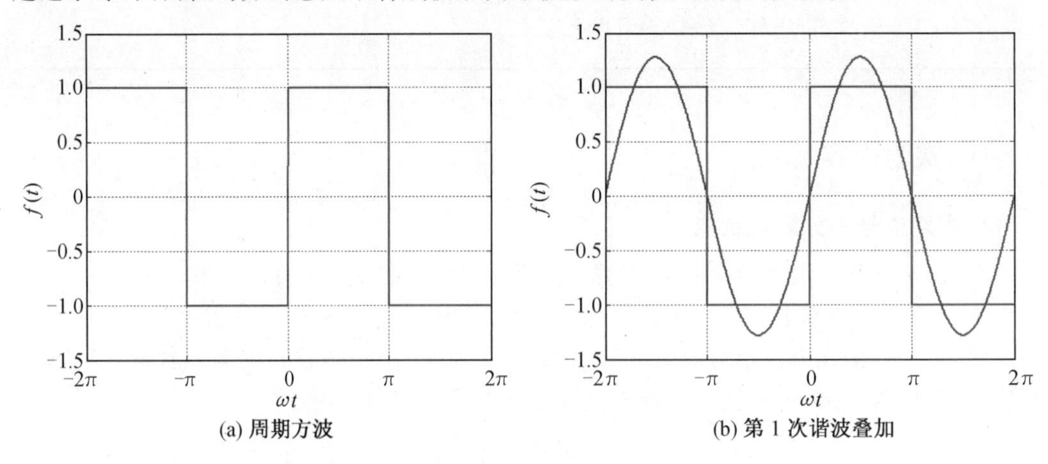

图 11.2　输入 $m=4$ 的程序运行结果

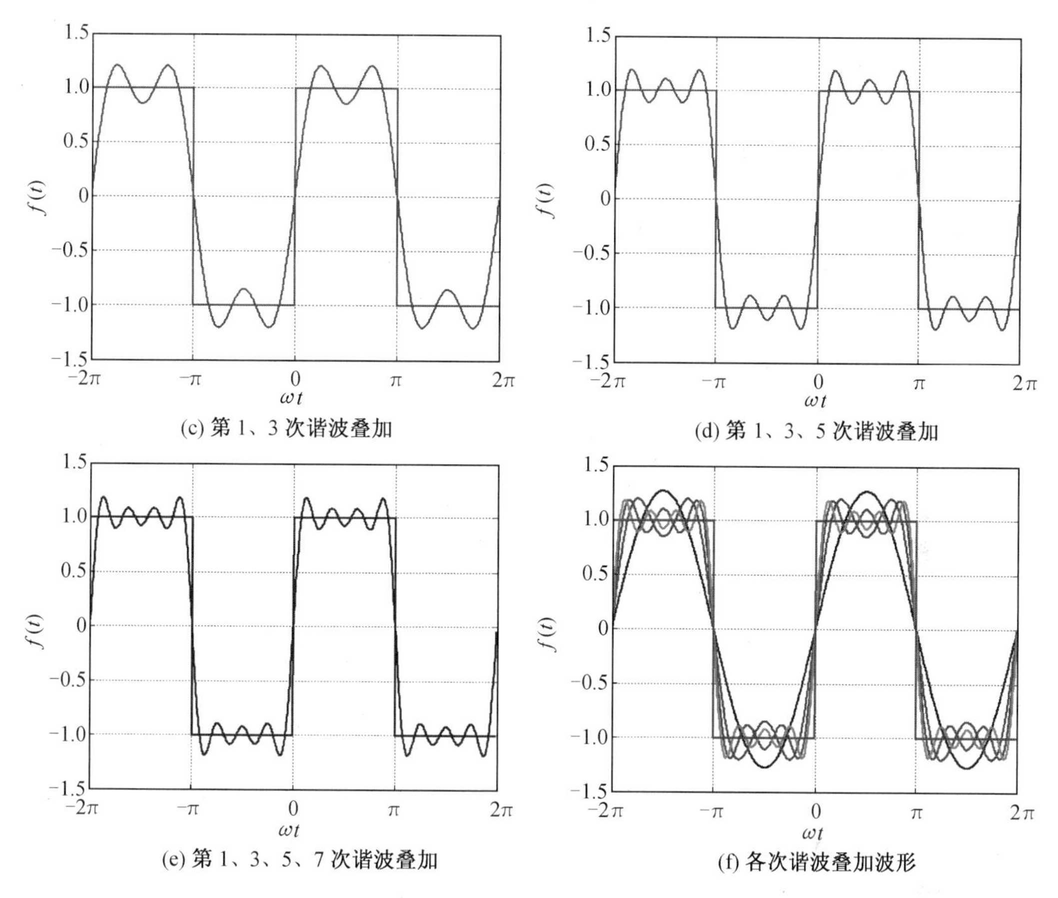

(c) 第 1、3 次谐波叠加

(d) 第 1、3、5 次谐波叠加

(e) 第 1、3、5、7 次谐波叠加

(f) 各次谐波叠加波形

续图 11.2

2. 利用 Matlab 实现周期信号的分解与合成

已知周期锯齿脉冲信号时域波形如图 11.3 所示，用 Matlab 绘出该信号直流分量，以及 1 次、2 次、3 次、4 次及 5 次谐波叠加后的波形图，并将其与原周期信号的时域波形进行比较，观察周期信号的分解与合成过程。

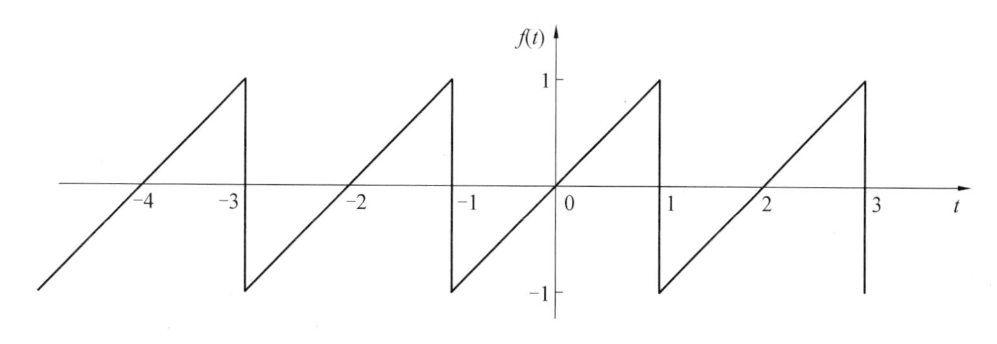

图 11.3　周期锯齿脉冲信号时域波形

五、注意事项

(1) 基本注意事项同实验10。

(2) 实验仪器要求同实验10。

六、实验报告要求

(1) 独立完成实验内容,诚实记录实验结果。

(2) 实验报告须包括:

① 电子版的实验报告。

② 程序源文件:*.m。

以上内容请按照顺序放到一个文件夹内,并将文件夹命名为:学号-姓名-实验*,如:123456-张三-实验一。

实验 12　LTI 连续系统响应的 Matlab 求解

一、实验目的

(1) 熟练使用 Matlab 软件，学会查找函数说明并使用新函数。
(2) 掌握使用 Matlab 对连续线性时不变系统进行分析的方法。

二、实验预习要求

(1) 复习 LTI 系统的性质。
(2) 复习求解简单的微分方程的方式。

三、实验原理

激励和响应均为连续时间信号的系统称为连续系统。对于连续系统，其若同时满足线性和时不变性，则称该系统为线性时不变系统或简称 LTI 连续系统。LTI 连续系统时域分析是信号与系统分析的重要方法。图 12.1 是 LTI 连续系统的示意图。

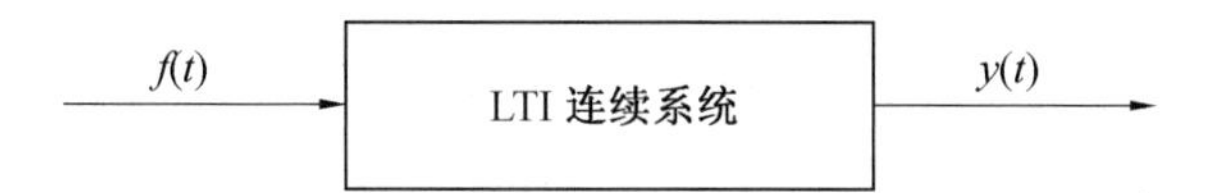

图 12.1　LTI 连续系统的示意图

描述 LTI 连续系统激励 $f(t)$ 与响应 $y(t)$ 之间关系的数学模型是 n 阶常系数线性微分方程，它可以表示为

$$\begin{aligned} & y^{(n)}(t)+a_{n-1}y^{(n-1)}(t)+\cdots+a_1y^{(1)}(t)+a_0y(t) \\ = & b_mf^{(m)}(t)+b_{m-1}f^{(m-1)}(t)+\cdots+b_1f^{(1)}(t)+b_0f(t) \end{aligned} \tag{12.1}$$

或者简写为

$$\sum_{i=0}^{n} a_iy^i(t)=\sum_{j=0}^{m} b_jf^j(t) \tag{12.2}$$

式中，$a_i(i=0,1,2,\cdots,n)$ 和 $b_j(j=0,1,2,\cdots,m)$ 为实系数。当 $a_n=1$ 时，系统的初始条件为 $y(0),y^{(1)}(0),\cdots,y^{(n-1)}(0)$。

系统的响应一般包括两个部分：由当前输入产生的响应(零状态响应）和由历史输入(初始状态）所产生的响应(零输入响应)。对于低阶系统，一般可以通过解析的方法得到响应；对于高阶系统，可以利用 Matlab 软件强大的计算功能确定系统的各种响应，如冲激响应、阶跃响应、零输入响应、零状态响应和全响应等。

Matlab 的 lsim() 函数可对式(12.1)或式(12.2)所示微分方程描述的 LTI 连续系统的响应进行仿真。

lsim() 函数不仅能绘制连续系统在指定的任意时间范围内系统响应的时域波形及输入信号的时域波形,还能求出连续系统在指定的任意时间范围内系统响应的数值解。

lsim() 函数有以下两种调用格式:

(1)lsim(sys,$\boldsymbol{f}$,$\boldsymbol{t}$)。

该调用格式对向量 $\boldsymbol{t}$ 定义的时间范围内的系统响应进行仿真,即绘制 LTI 连续系统响应的时域波形,同时还绘出系统的激励信号对应的时域波形。

在该调用格式中,输入参量 $\boldsymbol{f}$ 和 $\boldsymbol{t}$ 是两个表示输入信号的行向量,其中 $\boldsymbol{t}$ 是表示输入信号时间范围的向量,$\boldsymbol{f}$ 则是输入信号在向量 $\boldsymbol{t}$ 定义的时间点上的值。

输入系数 sys 是由 Matlab 的 tf() 函数根据系统微分方程的系数生成的系统函数对象(TF 对象)。tf() 函数的调用格式为

$$\text{sys} = \text{tf}(\boldsymbol{b},\boldsymbol{a}) \tag{12.3}$$

上述 tf() 函数的调用格式中,输入参数 $\boldsymbol{b}$ 为式(12.2)所描述的微分方程右边多项式系数 $b_j(j=0,1,2,\cdots,m)$ 构成的行向量;$\boldsymbol{a}$ 为微分方程左边多项式系数 $a_i(i=0,1,2,\cdots,n)$ 构成的行向量;输出参数 sys 为返回 Matlab 定义的系统函数对象。注意:微分方程中为零的系数一定要写入向量 $\boldsymbol{a}$ 和 $\boldsymbol{b}$ 中。

例如,对如下微分方程描述的系统:

$$y''(t)+3y'(t)+2y(t)=-f'(t)+2f(t) \tag{12.4}$$

由 tf() 函数生成其系统函数对象 sys 的命令如下:

```
a=[1 3 2];
b=[-1 2];
sys=tf(b,a)              % 调用 tf() 函数生成系统函数对象 sys
```

上述命令运行结果为

```
Transfer function:
   -s + 2
---------------
 s^2 + 3s + 2
```

调用 tf() 函数生成系统函数对象 sys,并用向量 $\boldsymbol{f}$ 和 $\boldsymbol{t}$ 定义了系统的激励信号后,即可调用 lsim() 函数对连续系统的响应进行仿真。

(2)y=lsim(sys,$\boldsymbol{f}$,$\boldsymbol{t}$)。

该调用格式中的输入参数 sys、$\boldsymbol{f}$ 和 $\boldsymbol{t}$ 的定义与第一种调用函数格式完全相同。区别在于,该调用格式并不绘出系统响应与激励的时域波形,而是由输出参数 y 返回由输入参数 sys、$\boldsymbol{f}$ 和 $\boldsymbol{t}$ 所定义的系统在与向量 $\boldsymbol{t}$ 定义的时间范围相一致的系统响应的数值解。

四、实验内容

(1) 已知描述某连续系统的微分方程为

$$y''(t)+2y'(t)+y(t)=f'(t)+2f(t) \tag{12.5}$$

用 Matlab 对输入信号为 $f(t)=\mathrm{e}^{-2t}u(t)$ 时的系统响应 $y(t)$ 进行仿真，并绘出系统响应及输入信号时域波形。

(2) 对式(12.5)，求出 0 ～ 5 时间间隔内的数值解。

五、注意事项

(1) 基本注意事项同实验 10。

(2) 实验仪器要求同实验 10。

六、实验报告要求

(1) 独立完成实验内容，诚实记录实验结果。

(2) 实验报告须包括：

① 电子版的实验报告。

② 程序源文件：*.m。

以上内容请按照顺序放到一个文件夹内，并将文件夹命名为：学号－姓名－实验 *，如：123456－张三－实验一。

实验 13　差分方程求解和信号卷积

一、实验目的

(1) 熟练使用 Matlab 软件,学会查找函数说明并使用新函数。

(2) 掌握 Matlab 处理离散时间系统的基本方法。

二、实验预习要求

(1) 复习求解常系数线性差分方程的方法。

(2) 复习判断离散系统是否为因果系统的方法,判断 $2M+1$ 点滑动平均系统是否为因果系统($M \geqslant 0$)。$2M+1$ 点滑动平均系统的输入输出关系为

$$y(n)=\frac{1}{2M+1}\sum_{k=-M}^{M} x(n-k) \tag{13.1}$$

三、实验原理

1. 差分方程

如果系统的输入、输出都是离散的时间信号,那么离散时间系统可以用以下差分方程来表示:

$$y(n)=-\sum_{k=1}^{N} a_k y(n-k)+\sum_{r=0}^{M} b_r x(n-r) \tag{13.2}$$

由常系数线性差分方程描述的 LTI 离散系统可以表示为

$$\sum_{k=0}^{N} a_k y(n-k)=\sum_{r=0}^{M} b_r x(n-r) \tag{13.3}$$

2. 差分方程的求解

对式(13.3)所描述的差分方程,可使用 filter() 函数来计算系统响应。filter() 函数的用法有多种,下面简要说明最常用的两种方式:

(1) $y=\text{filter}(b,a,x)$。

由分子系数 b 和分母系数 a 定义的传递函数,对输入数据 x 进行滤波。

(2) $y=\text{filter}(b,a,x,\text{zi})$。

不同之处在于多了一个初始条件 zi,其用于滤波器延迟。zi 的长度必须等于 $\max(\text{length}(a),\text{length}(b))-1$。

在以上两种 filter() 函数的调用中,如果 a 为向量或矩阵,若第一项 $a(1)$ 不等于 1,则需要归一化,方式为对滤波器所有系数都分别除以 $a(1)$。因此,$a(1)$ 必须是非零值。此外,函数输出还可以用[y,zf]来表示,其中 zf 为系统的终止状态。

3. 卷积

对于信号$x_1(n)$和$x_2(n)$，卷积定义为

$$x(n)=x_1(n)*x_2(n)=\sum_{m=-\infty}^{+\infty}x_1(m)x_2(n-m) \tag{13.4}$$

在 Matlab 中，使用函数 conv() 可以对向量进行卷积运算。如 $w=\text{conv}(\boldsymbol{u},\boldsymbol{v})$ 返回的是向量 $\boldsymbol{u}$ 和 $\boldsymbol{v}$ 的卷积结果，w 的长度为 $\text{length}(\boldsymbol{u})+\text{length}(\boldsymbol{v})-1$。如果 $\boldsymbol{u}$ 和 $\boldsymbol{v}$ 分别是两个多项式系数的向量，则对这两个向量进行卷积等效于这两个多项式相乘。

例如：求向量[1 2 0 3 2]和[1 4 2 3]的卷积。

输入：

```
u=[1 2 0 3 2];
v=[1 4 2 3];
w=conv(u,v)
```

输出：

```
w =
      1     6     10     10     20     14     13     6
```

4. 降噪

在实际应用中，信号的传输过程会受到噪声的干扰，以叠加的形式存在于信号传输过程中。比如加性高斯白噪声(additive white Gaussian noise，AWGN)，其均值为 0。滑动平均系统可以对含有噪声干扰的有效数据进行处理，即降噪。

$2M+1$ 点滑动平均系统的输入输出关系为

$$y(n)=\frac{1}{2M+1}\sum_{k=-M}^{M}x(n-k),\quad M\geqslant 0 \tag{13.5}$$

四、实验内容

(1) 系统的单位样值响应为 $h(n)=a^n[u(n)-u(n-10)]$，其中 $a=0.5$，$u(n)$ 为阶跃信号。激励信号为 $x(n)=u(n)-u(n-6)$。系统的输出是输入与该系统响应的卷积。要求：分别用 conv() 函数和 filter() 函数求在 $0\leqslant n\leqslant 20$ 时(步长为 1) 系统的输出响应，用 stem() 函数绘出两种方法求得的响应。

(2) 假设受噪声干扰的信号为 $x(n)=s(n)+N(n)$。其中，$s(n)$ 为原始有用信号，$N(n)$ 为噪声。在 Matlab 仿真中，使用能够生成(0,1) 区间随机数的函数 rand()，产生区间(−1,1) 内的噪声 $N(n)$，有用信号为 $s(n)=5n\times 0.85^n$，n 的取值为 $0\leqslant n\leqslant 60$(步长为 1)。

① 请分别绘出受噪声干扰的信号 $x(n)$、有用信号 $s(n)$ 和噪声 $N(n)$，画在一个图里并添加图例(legend)。

② 用 $2M+1$ 点滑动平均系统对受噪声干扰的信号降噪。当 M 的值为 4 时，分别绘出有用信号 $s(n)$、经过滑动平均系统滤波的输出，并分析系统的滤波效果。

五、注意事项

(1) 基本注意事项同实验 10,实验仪器要求同实验 10。

(2) 在调用函数时如遇到“未定义”等问题时,应首先检查软件是否正确安装。

(3) 提示:在 Matlab 中,使用 impz() 函数可对离散系统的单位样值响应进行求解,由常系数线性差分方程描述的 LTI 离散系统可以表示为

$$\sum_{k=0}^{N} a_k y(n-k) = \sum_{r=0}^{M} b_r x(n-r) \tag{13.6}$$

impz() 函数调用方式有:

① $h=\text{impz}(\boldsymbol{b},\boldsymbol{a},k)$。

② $[h,t]=\text{impz}(\boldsymbol{b},\boldsymbol{a},k)$。

第二种调用方式与第一种类似,输出参数 t 表示系统单位脉冲响应 h 对应的抽样时间。另外,绘制离散时间系统阶跃响应的函数是 stepz(),调用方式与 impz() 函数类似。impz() 函数参数表见表 13.1。

表 13.1 impz() 函数参数表

参数	物理意义
$\boldsymbol{b}$	差分方程右边多项式系数 $b_r(r=0,1,2,\cdots,M)$ 构成的行向量
$\boldsymbol{a}$	差分方程左边多项式系数 $a_k(k=0,1,2,\cdots,N)$ 构成的行向量
h	系统的单位脉冲响应
k	如果为整数,则返回冲激响应点的个数为 k; 如果为向量,则 k 为对应输出 h 的时间点

六、实验报告要求

(1) 独立完成实验内容,诚实记录实验结果。

(2) 实验报告须包括:

① 电子版的实验报告。

② 程序源文件:*.m。

以上内容请按照顺序放到一个文件夹内,并将文件夹命名为:学号-姓名-实验*,如:123456-张三-实验一。

实验 14　傅里叶变换的 Matlab 求解

一、实验目的

(1) 熟悉 Matlab 软件的使用,学会使用新函数。

(2) 掌握傅里叶变换及其意义。

二、实验预习

(1) 复习周期信号与非周期信号的傅里叶变换。

(2) 复习卷积定理,并利用时域卷积定理求解三角脉冲的频谱:

$$f(t)=\begin{cases} E\left(1-\dfrac{2|t|}{\tau}\right), & |t|\leqslant \dfrac{\tau}{2} \\ 0, & |t|>\dfrac{\tau}{2} \end{cases} \tag{14.1}$$

三、实验原理

1. 信号频谱分析

周期信号 $f(t)$ 的周期为 T_1,角频率为 $\omega_1=2\pi f_1=\dfrac{2\pi}{T_1}$, $f(t)$ 的傅里叶变换可以写成

$$F(\mathrm{j}\omega)=F[f(t)]=2\pi\sum_{n=-\infty}^{\infty}F_n\delta(\omega-n\omega_1) \tag{14.2}$$

式中,F_n 为信号 $f(t)$ 的傅里叶级数,$F_n=\dfrac{1}{T_1}\int_{-\frac{T_1}{2}}^{\frac{T_1}{2}}f(t)\,\mathrm{e}^{-jn\omega_1 t}\mathrm{d}t$。

连续非周期信号 $f_1(t)$ 的傅里叶变换则可以写成

$$F(\mathrm{j}\omega)=F[f_1(t)]=\int_{-\infty}^{\infty}f_1(t)\,\mathrm{e}^{-\mathrm{j}\omega t}\mathrm{d}t \tag{14.3}$$

Matlab 提供了符号函数 fourier() 和 ifourier() 实现傅里叶变换及其逆变换,例如为了计算 tu(t) 的傅里叶变换,可以使用如下语句:

```
syms t                          % 定义符号 t
F = fourier(t * heaviside(t))   % 计算 tu(t) 的傅里叶变换,heaviside(t) 为阶跃信号 u(t)
```

输出:

```
F =
pi * dirac(1, w) * 1i - 1/w^2
```

注意:dirac(1,ω) 表示$\delta'(\omega)$。

若已知信号的解析式，可以通过数值积分近似计算信号的频谱。Matlab 提供了 integral() 等函数用以计算一元函数的数值积分。integral() 函数的调用方式为 $q=$ integral(fun,a,b)，作用是求取函数 fun 从 a 到 b 的积分。

例如：计算函数 $g(x)=\mathrm{e}^{-x^2}(\ln x)^2$，$x$ 从 0 到 1 的积分可以使用下述语句实现：

```
fun=@(x) exp(-x.^2).*log(x).^2;        % 创建函数
q=integral(fun,0,1)                    % 计算积分
```

此外，常用的数值积分函数还有 trapz()、quad()、quadl() 等。

2. 卷积定理

卷积定理是傅里叶变换的一个重要性质，时域卷积定理和频域卷积定理分别有如下表述：

(1) 时域卷积定理。

给定两个时间函数 $f_1(t)$ 和 $f_2(t)$，将它们的傅里叶变换分别表示为

$$\begin{cases}F_1(\mathrm{j}\omega)=F[f_1(t)]\\F_2(\mathrm{j}\omega)=F[f_2(t)]\end{cases}\tag{14.4}$$

则

$$F[f_1(t)*f_2(t)]=F_1(\mathrm{j}\omega)\cdot F_2(\mathrm{j}\omega)\tag{14.5}$$

(2) 频域卷积定理。

时间函数 $f_1(t)$ 和 $f_2(t)$ 与傅里叶变换 $F_1(\mathrm{j}\omega)$ 和 $F_2(\mathrm{j}\omega)$ 的对应关系见式(14.5)，则有

$$F[f_1(t)\cdot f_2(t)]=\frac{1}{2\pi}F_1(\mathrm{j}\omega)*F_2(\mathrm{j}\omega)\tag{14.6}$$

3. 连续时间信号的抽样

连续时间信号经过抽样作用后变成抽样信号，抽样过程如图 14.1 所示。令连续时间信号 $f(t)$、抽样脉冲 $p(t)$、抽样信号 $f_s(t)$ 的傅里叶变换分别为 $F(\mathrm{j}\omega)$、$P(\mathrm{j}\omega)$、$F_s(\mathrm{j}\omega)$，则它们之间有如下关系：

$$f_s(t)=f(t)\cdot p(t)\tag{14.7}$$

$$F_s(\mathrm{j}\omega)=\sum_{n=-\infty}^{\infty}P_n\cdot F[j(\omega-n\omega_s)]\tag{14.8}$$

式中，$P_n=\frac{1}{T_s}\int_{-\frac{T_s}{2}}^{\frac{T_s}{2}}p(t)\,\mathrm{e}^{-\mathrm{j}n\omega_s t}\mathrm{d}t$；$\omega_s$ 为抽样角频率。

4. 周期信号的频谱分析

如实验 11 所述，周期信号可以扩展成一些正余弦信号之和，或者一些虚指数信号之和：

$$\begin{aligned}f(t)&=\sum_{n=-\infty}^{\infty}F_n\,\mathrm{e}^{\mathrm{j}n\omega_0 t}\\&=a_0+\sum_{n=1}^{\infty}(a_n\cos n\omega_0 t+b_n\sin n\omega_0 t)\\&=c_0+\sum_{n=1}^{\infty}c_n\cos(n\omega_0 t+\theta_n)\end{aligned}\tag{14.9}$$

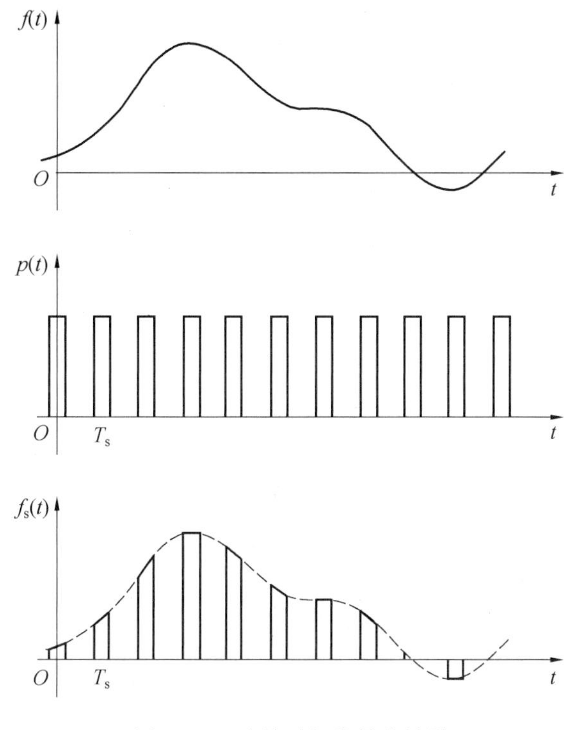

图 14.1　连续时间信号的抽样

周期信号的频谱具有离散性、非连续性，由一些离散的频谱线组成。频谱线出现在角频率ω_0 的倍数上，如 0、ω_0、$2\omega_0$、$n\omega_0$ 等，频谱线的间隔为ω_0。谐波的幅度随着角频率倍数增加而减小。表 11.1 是周期信号的三角函数傅里叶级数和指数形式傅里叶级数及其系数，以及系数之间的关系。

四、实验内容

(1) 在$-5\leqslant t\leqslant 5$时间范围内，画出双边指数信号$f_1(t)=\mathrm{e}^{-|t|}$ 的时域波形，并对信号做傅里叶变换，在角频率区间$-10\leqslant\omega\leqslant 10$内画出信号频谱。

提示：函数 fplot() 可用于绘制表达式或函数，具体用法见附录 1。

(2) 一个三角脉冲信号表示为

$$f_2(t)=\begin{cases}E\left(1-\dfrac{2|t|}{\tau}\right), & |t|\leqslant\dfrac{\tau}{2}\\[2mm] 0, & |t|>\dfrac{\tau}{2}\end{cases}\tag{14.10}$$

式中，$E=1$；$\tau=1$。

请分别使用三种方法绘制三角脉冲信号的频谱，在一张图中展示并标注 legend。

① 使用数值方法近似计算三角脉冲的频谱。

② 根据卷积定理，通过计算矩形脉冲的频谱得到三角脉冲的频谱。

③ 通过三角脉冲信号的理论计算值画出频谱。

(3) 对时间范围 $0 \leqslant t \leqslant 40$ 内的正弦信号 $f_3(t)=\sin 0.8\pi t$ 进行抽样得到抽样信号，抽样频率 f_s 分别取 2 Hz、0.8 Hz、0.4 Hz，画出信号 $f_3(t)$ 及不同抽样频率下的时域波形，并对信号 $f_3(t)$ 及抽样信号进行傅里叶变换，绘制幅度－频率特性曲线。

(4) 如图 14.2 所示，$f(t)$ 为周期矩形脉冲信号。要求：

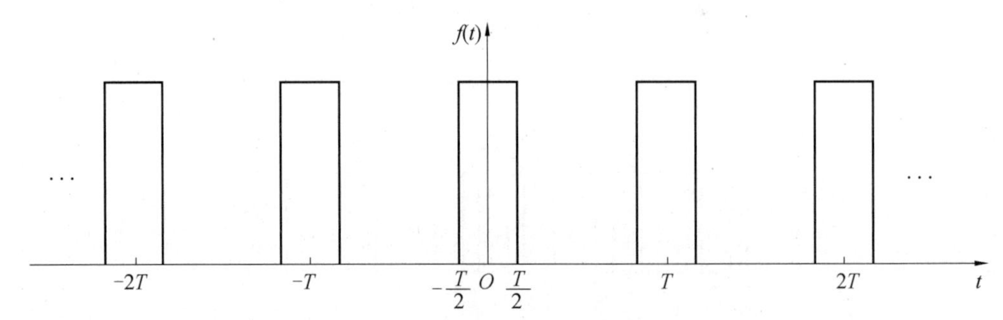

图 14.2　周期矩形脉冲信号

① 采用三角函数形式对图中的周期矩形脉冲信号进行傅里叶级数分解，写出分解表达公式。

② 根据表中给出的幅度频谱和相位频谱的计算公式，使用 Matlab 编程，计算并绘制幅值为 1、周期为 10、信号宽度为 1 的信号的幅度频谱和相位频谱。

③ 改变周期矩形脉冲信号宽度和，使其等于矩形脉冲信号周期，并绘制波形图，观察和分析信号周期和宽度对信号频域特性的影响(信号幅值为 1)。

a. 信号周期为 10，信号宽度为 2。

b. 信号周期为 5，信号宽度为 1。

五、注意事项

(1) 基本注意事项同实验 10，实验仪器要求同实验 10。

(2) 在调用函数时如遇到"未定义"等问题时，应首先检查软件是否正确安装。

(3) 实验内容(4) 的主程序已经给出，需要对关键步骤进行填空，并在 Matlab 上运行程序，得到波形图。

六、实验报告要求

(1) 独立完成实验内容，诚实记录实验结果。

(2) 实验报告须包括：

① 电子版的实验报告。

② 程序源文件：*.m。

以上内容请按照顺序放到一个文件夹内，并将文件夹命名为：学号－姓名－实验 *，如：123456－张三－实验一。

实验 15　拉普拉斯变换、连续时间系统的 s 域分析

一、实验目的

(1) 掌握拉普拉斯变换及其意义。

(2) 对连续时间系统进行 s 域分析。

二、实验预习

(1) 复习拉普拉斯变换的定义、收敛域及拉普拉斯逆变换法分析系统。

(2) 复习系统函数的零点分布与系统的时间特性。

三、实验原理

1. 拉普拉斯变换

连续时间系统复频域分析的方法是采用拉普拉斯变换将连续时间系统时域变换成复频域，在复频域经过求解后再利用拉普拉斯逆变换从复频域变换到时域，完成连续时间系统的时域问题分析。此外，利用拉普拉斯变换方法也可以求解常系数线性微分方程。

连续时间信号 $f(t)$ 的拉普拉斯变换 $F(s)$ 的极点位置完全决定了信号 $f(t)$ 的时域特性。$F(s)$ 的实极点决定了 $f(t)$ 中的实指数信号分量，$F(s)$ 的共轭极点决定了 $f(t)$ 中按指数规律变化的正弦(或余弦) 振荡分量。

如果连续时间信号 $f(t)$ 可以用符号表达式表示，则可以直接调用 Matlab 的 laplace() 函数来实现其单边拉普拉斯变换。调用 laplace() 函数的命令格式为

$$L = \text{laplace}(F)$$

式中，输入参数 F 为连续时间信号 $f(t)$ 的符号表达式；输出参数 L 为返回默认符号自变量 s 的关于 F 的拉普拉斯变换的符号表达式。例如，求单边正弦信号 $f(t)=\sin(\omega t)u(t)$ 的拉普拉斯变换，在 Matlab 中输入：

```
syms t w;          % 定义时间符号变量
F = sin(w * t);    % 定义连续时间信号的表达式
L = laplace(F)     % 计算拉普拉斯变换的符号表达式
```

运行结果：

```
L =
```

w/(s^2 + w^2)

利用 Matlab 实现拉普拉斯逆变换的方法有两种：一种是利用 Matlab 的符号运算完成拉普拉斯逆变换；另一种是采用部分分式展开法完成拉普拉斯逆变换。下面分别具体介绍两种方法的实现：

(1) 利用 ilaplace() 函数进行拉普拉斯逆变换。

Matlab 中 ilaplace() 函数可以用于计算拉普拉斯逆变换，ilaplace() 函数的调用方式为

$$F = \text{ilaplace}(L)$$

式中，输入参数 L 为连续时间信号 $f(t)$ 的拉普拉斯变换 $F(s)$ 的符号表达式；输出参数 F 为返回默认符号自变量 t 的关于符号表达式 L 的拉普拉斯逆变换 $f(t)$ 的符号表达式。例如，利用 Matlab 求解以下函数的拉普拉斯逆变换：

$$F(s) = \frac{4s + 5}{s^2 + 5s + 6} \tag{15.1}$$

在命令窗口中输入：

```
syms s;                          % 定义复变量 s
L = (4 * s + 5)/(s^2 + 5 * s + 6); % 定义拉普拉斯变换的符号表达式
F = ilaplace(L)                  % 计算拉普拉斯逆变换
```

运行结果：

```
F =
7 * exp(- 3 * t) - 3 * exp(- 2 * t)
```

(2) 利用部分分式展开函数 residue() 进行拉普拉斯逆变换。

将连续时间信号 $f(t)$ 的拉普拉斯变换 $F(s)$ 写为如下形式：

$$F(s) = \frac{b(s)}{a(s)} = \frac{\sum_{j=0}^{M} b_j s^j}{\sum_{i=0}^{N} a_i s^i} = \sum_{i=0}^{N} \frac{r_i}{s - p_i} + \sum_{j=0}^{M-N} k_j s^j \tag{15.2}$$

式中，p_i 为 $F(s)$ 的极点；若 $M < N$，$k_j = 0$。通过 residue() 函数可以直接求出式(15.2)中 $F(s)$ 的系数 k_j、极点 p_i 及部分分式的系数。

residue() 函数的调用形式为 $[\boldsymbol{r}, \boldsymbol{p}, \boldsymbol{k}] = \text{residue}(b, a)$，输入参数 b 和 a 分别对应于式(15.2)中拉普拉斯变换 $F(s)$ 的分子和分母多项式 $b(s)$ 和 $a(s)$，输出参数 $\boldsymbol{r}$ 为包含 $F(s)$ 所有部分分式展开系数的列向量，$\boldsymbol{p}$ 为包含 $F(s)$ 所有极点位置的列向量，$\boldsymbol{k}$ 为多项式的系数列向量(大部分情况 k 为 0 或者常数)。

例如，已知一个连续时间系统在 s 域的系统函数为

$$H(s) = \frac{2s + 4}{s^3 + 4s} \tag{15.3}$$

在 Matlab 中输入：

```
b = [2,4];                       % 定义分子多项式行向量 b
```

```
a=[1 0 4 0];                % 定义分母多项式行向量 a
[r pk]=residue(b,a)         % 计算部分分式展开系数
```

运行结果：

```
r =
  -0.5000 - 0.5000i
  -0.5000 + 0.5000i
   1.0000 + 0.0000i
p =
   0.0000 + 2.0000i
   0.0000 - 2.0000i
   0.0000 + 0.0000i
k =
     []
```

由上述结果可以看出，系统函数有三个极点，其中有一对共轭极点 $P_{1,2}=\pm 2\mathrm{j}$ 和一个实极点 $P_3=0$。可以用 abs(r) 和 angle(r) 分别求出共轭极点对应的部分分式展开项系数的模和相位，也可以利用 cart2pol() 函数将笛卡儿坐标转换成极坐标，比如输入：

```
[angle mag]=cart2pol(real(r),imag(r))
```

运行结果(这里的相位为 $\pm\frac{3}{4}\pi$)：

```
angle =
  -2.3562
   2.3562
        0
mag =
   0.7071
   0.7071
   1.0000
```

由程序运行结果可知，$H(s)$ 的部分分式展开为

$$
\begin{aligned}
H(s)&=\frac{-0.5-\mathrm{j}0.5}{s-\mathrm{j}2}+\frac{-0.5+\mathrm{j}0.5}{s+\mathrm{j}2}+\frac{1}{s}\\
&=\frac{0.707\,\mathrm{e}^{-\mathrm{j}2.356\,2}}{s-\mathrm{j}2}+\frac{0.707\,\mathrm{e}^{\mathrm{j}2.356\,2}}{s+\mathrm{j}2}+\frac{1}{s}\\
&=\frac{\frac{\sqrt{2}}{2}\mathrm{e}^{-\frac{3}{4}\pi}}{s-\mathrm{j}2}+\frac{\frac{\sqrt{2}}{2}\mathrm{e}^{\frac{3}{4}\pi}}{s+\mathrm{j}2}+\frac{1}{s}
\end{aligned}
\tag{15.4}
$$

因此，得到该连续时间系统的单位冲激响应 $h(t)$ 为

$$
h(t)=[1+\sqrt{2}\cos(2t-\frac{3}{4}\pi)]u(t) \tag{15.5}
$$

2. 连续时间系统的 s 域分析

在连续系统的复频域分析中，系统的零状态响应的拉普拉斯变换与激励的拉普拉斯变换之比称为系统函数，通过系统函数可以对系统的稳定性、时域特性等进行分析。

一般来说，系统函数 $H(s)$ 为有理分式：

$$H(s)=\frac{\sum_{i=0}^{m} b_i s^i}{\sum_{i=0}^{n} a_i s^i} \tag{15.6}$$

$H(s)$ 中分子、分母均是 s 的有理多项式，将式(15.6) 的分子多项式与分母多项式的根分别称为 $H(s)$ 的零点与极点。将 $H(s)$ 因式分解后可以得到：

$$H(s)=\frac{A\prod_{i=1}^{m}(s-z_i)}{\prod_{i=1}^{n}(s-p_i)} \tag{15.7}$$

式中，z_k 和p_k 分别是系统函数的零点与极点，零点与极点在 s 平面上的位置不同，对单位冲激响应的影响也不同。式(15.7) 表明，系统函数的零点与极点分布完全决定了系统的特性。Matlab 为系统函数的零点、极点分析提供了相应的函数：

(1)pole() 函数用于计算系统函数的极点，调用方式为 $\boldsymbol{p}$ = pole(sys)，其中输入参数 sys 为系统函数对象，在实验 3 中已经介绍，sys 可由 tf() 函数生成；输出参数 $\boldsymbol{p}$ 为包含系统函数所有极点位置的向量。

(2)zero() 函数用于计算系统函数的零点，用法与 pole() 函数类似，调用方式为 $\boldsymbol{z}$ = zero(sys)，其中输入参数 sys 为系统函数对象；输出参数 $\boldsymbol{z}$ 为包含系统函数所有零点位置的向量。

(3)pzmap() 函数用于绘制系统的零点和极点分布图及计算系统函数的零点、极点位置。该函数有两种调用格式：第一种调用格式为 pzmap(sys)，sys 为系统函数对象，该用法下可直接绘出系统函数的零点和极点的分布图，在零极点图中，符号“○”代表零，符号“×”代表极点；第二种调用格式为[$\boldsymbol{p}$,$\boldsymbol{z}$] = pzmap(sys)，同样地，sys 为系统函数对象，输出参数 $\boldsymbol{p}$ 和 $\boldsymbol{z}$ 分别为返回系统函数的极点与零点位置的向量。

(4)impulse() 函数可用于绘制系统冲激响应的时域波形，对式(15.6) 所描述连续系统的传递函数，输入：

```
b=[2,4];                    % 定义分子多项式行向量 b
a=[1 0 4 0];                % 定义分母多项式行向量 a
impulse(b,a)                % 绘制系统冲激响应曲线
axis([0,50,-0.5 2.5])       % 坐标轴范围
```

得到系统冲激响应示意图(图 15.1)。

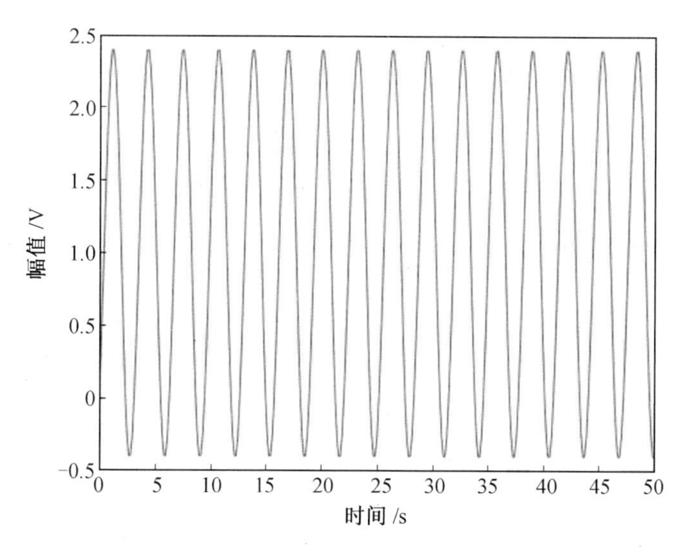

图15.1　系统冲激响应示意图

四、实验内容

(1) 利用部分分式展开法求下式函数的拉普拉斯逆变换，并和 ilaplace() 函数求得的结果对比。

$$F(s)=\frac{s^2+3}{(s^2+2s+5)(s+2)} \tag{15.8}$$

(2) 已知连续时间系统的系统函数的极点位置分别如下所示(假设系统无零点)：

①$H(s)=\frac{1}{s^2+4}$。

②$H(s)=\frac{1}{(s+1)^2+16}$。

③$H(s)=\frac{1}{(s-1)^2+16}$。

请用Matlab分别绘制上述三个连续系统的极点分布图，并绘制对应的冲激响应 $h(t)$ 的时域波形(选择合适的坐标轴范围)，分析系统函数极点位置对冲激响应时域波形的影响，并根据系统极点的位置判断系统是否稳定。

(3) 已知连续时间系统的系统函数分别如下所示：

①$H(s)=\frac{1}{s^2+2s+17}$。

②$H(s)=\frac{s+8}{s^2+2s+17}$。

③$H(s)=\frac{s-8}{s^2+2s+17}$。

请用Matlab分别绘制上述三个连续系统的零极点分布图，并绘制对应的冲激响应 $h(t)$ 的时域波形，注意选择合适的坐标轴范围，分析系统函数零点位置对冲激响应时域波形的影响。

五、注意事项

(1) 基本注意事项同实验10,实验仪器要求同实验10。

(2) 在调用函数时如遇到“未定义”等问题时,应首先检查软件是否正确安装。

六、实验报告要求

(1) 独立完成实验内容,诚实记录实验结果。

(2) 实验报告须包括:

① 电子版的实验报告。

② 程序源文件:*.m。

以上内容请按照顺序放到一个文件夹内,并将文件夹命名为:学号－姓名－实验*,如:123456－张三－实验一。

实验16　z 变换、离散时间系统的分析

一、实验目的

(1) 掌握 z 变换及其意义。

(2) 掌握利用 Matlab 分析离散时间系统的特性。

二、实验预习

(1) 复习 z 变换的定义、收敛域及逆 z 变换。

(2) 复习系统函数的零极点分布与系统的时间特性。

(3) 复习离散时间系统频率响应的意义，并求出图 16.1 所示二阶离散系统的差分方程、系统函数与频率响应。

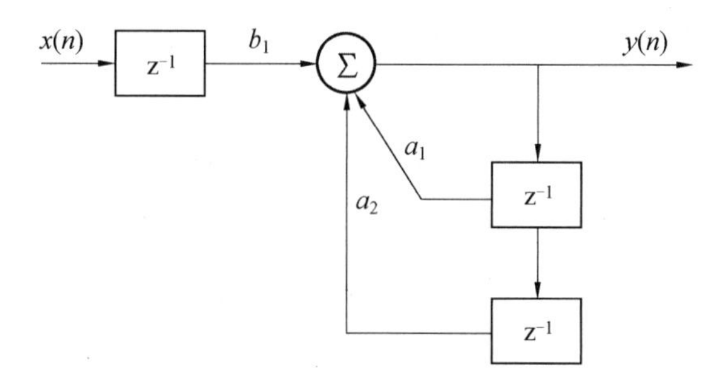

图 16.1　二阶离散系统

三、实验原理

1. z 变换

类似于连续时间系统中的拉普拉斯变换，z 变换是求解离散时间系统与差分方程的有力工具。单边 z 变换有如下形式：

$$X(z)=\sum_{n=0}^{\infty}x(n)\,z^{-n} \tag{16.1}$$

在 Matlab 中进行 z 变换可以采用符号函数 ztrans()。ztrans() 函数有多种调用形式，例如，对 $f(n)$ 进行 z 变换，F=ztrans(f) 的输出结果为 $F(z)$，F=ztrans(f, v) 的输出结果为 $F(v)$。而调用格式 F=ztrans(f,u,v) 为对 $f(u)$ 进行 z 变换，输出结果为 $F(v)$。

例：对 $x(n)=\dfrac{n(n-1)}{2}$ 进行单边 z 变换，输入：

```
syms n;                        % 定义 n 为符号函数
```

```
x = n * (n - 1)/2;           % 定义 x
X = ztrans(x)                % 计算 x 的 z 变换 X
Xs = simplify(X)             % 对 X 的公式进行化简
```

输出结果：

```
X =
(z * (z + 1))/(2 * (z - 1)^3) - z/(2 * (z - 1)^2)
Xs =
z/(z - 1)^3
```

逆 z 变换可以用符号运算函数 iztrans() 实现。此外，与连续时间系统做部分分式展开的函数 residue() 类似，Matlab 提供函数 residuez()，通过分子和分母的系数向量实现部分分式展开法求解逆 z 变换，得到对应于各个部分分式的极点和系数进而得到离散序列。

例如，利用 Matlab 求解 $X(z)=\dfrac{1}{1-1.5z^{-1}+0.5z^{-2}}(|z|>1)$ 的逆变换 $x(n)$。

(1) 符号函数法。

```
syms z                                   % 定义符号 z
X = 1/(1 - 1.5 * z^(-1) + 0.5 * z^(-2)); % 定义变换式 X
x = iztrans(X)                           % 计算逆 z 变换
```

输出结果：

```
x =
2 - (1/2)^n
```

(2) 部分分式展开法。

```
b = 1;                       % 多项式分子的系数 b
a = [1, -1.5, 0.5];          % 多项式分母的系数 a
[r, p, k] = residuez(b, a)   % 部分分式展开
```

输出结果：

```
r =
     2
    -1
p =
    1.0000
    0.5000
k =
     []
```

因此，$X(z)$ 的部分分式展开形式为 $X(z)=\dfrac{2}{1-z^{-1}}-\dfrac{1}{1-0.5z^{-1}}$，由于逆 z 变换的输出为右边序列，因此 $x(n)=(2-0.5^n)u(n)$。

2. 离散时间系统的系统函数

离散时间系统的系统函数定义为系统零状态响应的 z 变换与激励的 z 变换之比。单

位样值响应 $h(n)$ 与系统函数 $H(z)$ 是一组z变换对：

$$H(z)=\sum_{n=0}^{\infty}h(n)\,z^{-n} \tag{16.2}$$

通过系统函数的零极点分布，可以分析单位样值响应并判断系统的稳定性。Matlab提供了zplane()函数用于绘制零点、极点分布图，若有极点位于单位圆外则说明系统不稳定。zplane()函数的常见使用方法为zplane($\boldsymbol{b}$, $\boldsymbol{a}$)，其中向量 $\boldsymbol{b}$ 和 $\boldsymbol{a}$ 分别为系统函数中的分子多项式系数与分母多项式系数。在零极点图中，符号"○"代表零点，符号"×"代表极点，图中包括单位圆作为参考。

3. 离散时间系统的样值响应与频率响应求解

离散时间系统的频率响应 $H(e^{j\omega})$ 是系统的单位样值响应 $h(n)$ 的傅里叶变换：

$$H(e^{j\omega})=\sum_{n=-\infty}^{\infty}h(n)\,e^{-j\omega n} \tag{16.3}$$

在Matlab中可利用impz()函数由系统函数的分子多项式系数和分母多项式系数得到单位样值响应。调用方式为 h=impz($\boldsymbol{b}$,$\boldsymbol{a}$,k)，其中向量 $\boldsymbol{b}$ 和 $\boldsymbol{a}$ 分别为系统函数中的分子多项式系数与分母多项式系数，k 为输出序列的取值范围，h 为系统的单位样值响应。

Matlab提供了freqz()函数计算离散时间系统的频率响应。函数freqz()的调用形式为 H=freqz($\boldsymbol{b}$,$\boldsymbol{a}$,w)，其中向量 $\boldsymbol{b}$ 和 $\boldsymbol{a}$ 分别为系统函数中的分子多项式系数与分母多项式系数，w 为需要计算的频率响应的抽样点。

例：画出系统函数 $H(z)=\dfrac{z}{z-0.5}(|z|>0.5)$ 所对应的单位样值响应与幅度频率谱(图16.2)

```
b=[1];                  % 定义分子多项式行向量 b
a=[1 -0.5];             % 定义分母多项式行向量 a
k=0:30;                 % 输出序列取值范围
h=impz(b,a,k)           % 计算单位样值响应
subplot(121)            % 画出单位样值响应
stem(k,h);
xlabel('n');
ylabel('h(n)');
title('单位样值响应');
w=-pi:pi/100:pi;        % 频率响应抽样点抽样
H=freqz(b,a,w);         % 计算频率响应函数 H
subplot(122)
plot(w,abs(H));         % 画出系统幅度频率谱
xlabel('频率');
ylabel('幅度');
title('系统幅度频率谱');
```

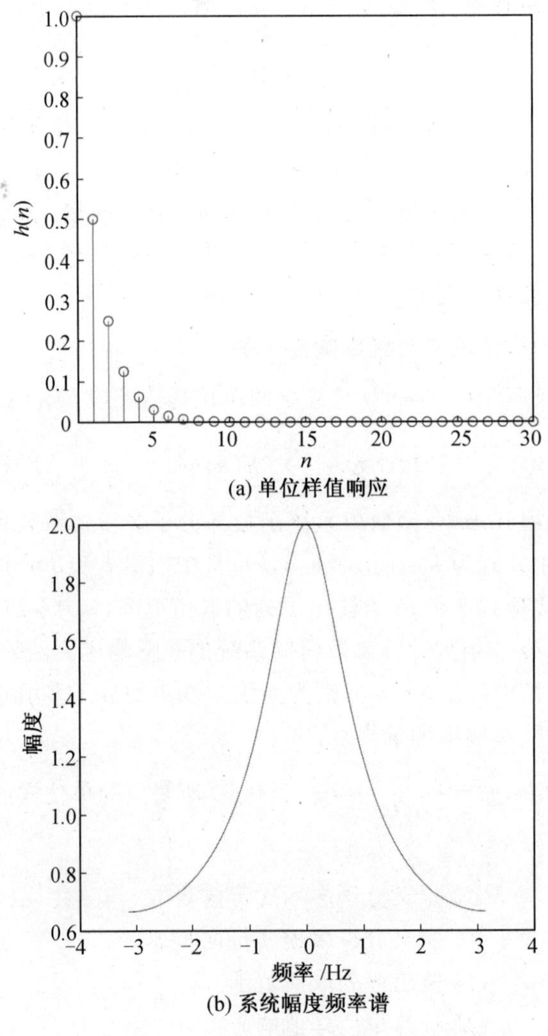

图 16.2 单位样值响应与幅度频率谱

四、实验内容

(1) 利用 Matlab 分别对单边正弦序列 $x_1(n) = \sin(an)u(n)$、单边指数序列 $x_2(n) = a^n u(n)(|a| < 1)$ 进行 z 变换，并与理论计算结果进行对照。

(2) 已知线性时不变系统的传输函数为 $H(z)=\dfrac{1-z^{-1}-2z^{-2}}{1+1.5z^{-1}+z^{-2}}$，请用 Matlab 在 z 平面上画出 $H(z)$ 的零极点图和系统的幅度频率谱，并判断系统的稳定性。

(3) 利用 Matlab 画出图 16.1 的零极点分布图、单位样值响应、幅度频率谱和相位频率谱(其中 $a_1=1.1, a_2=-0.7, b_1=1$)，并判断滤波器的类型(低通、高通、带通或带阻)。

五、注意事项

(1) 基本注意事项同实验 10，实验仪器要求同实验 10。

(2) 在调用函数时如遇到“未定义”等问题时，应首先检查软件是否正确安装。

六、实验报告要求

(1) 独立完成实验内容，诚实记录实验结果。

(2) 实验报告须包括：

① 电子版的实验报告。

② 程序源文件：*.m。

以上内容请按照顺序放到一个文件夹内，并将文件夹命名为：学号－姓名－实验*，如：123456－张三－实验一。

实验 17　*s* 域电路分析和信号谱分析

一、实验目的

(1) 熟练掌握各种信号的傅里叶变换和谱分析。

(2) 熟悉滤波器的种类、基本结构及其特性。

二、实验预习

(1) 复习傅里叶变换、拉普拉斯变换分析电路。

(2) 复习模拟滤波器特性和类型。

三、实验原理

1. 模拟滤波器

滤波器是具有选频特性的线性连续定常系统，能使有用频率信号通过，抑制无用频率信号。无源滤波器由电阻、电感、电容组成，通常称为 RLC 电路。

如果模拟滤波器的传递函数的幅频峰值为 1，其通带是所有频率 ω 的集合：

$$|H(\omega)| \geqslant \frac{1}{\sqrt{2}} = 0.707 \tag{17.1}$$

上式幅度在 0 dB 和 -3 dB 之间变化，对于低通或者带通滤波器，称为 -3 dB 带宽。

如图 17.1 所示，滤波器根据传递函数幅频特性将其分为四类：低通、带通、高通和带阻。为了方便分析，滤波器通带增益统一归一化为 1。

① 低通滤波器：可以通过 0 到ω_p 之间的信号，对于大于ω_s 信号具有高于G_s 的衰减。ω_p 为通带截止频率；ω_s 为阻带起始频率；G_s 为阻带衰减量。

② 高通滤波器：可以通过大于ω_p 的信号，阻碍 $0 \sim \omega_s$ 的信号。

③ 带通滤波器：可以通过$\omega_{p1} \sim \omega_{p2}$ 的信号，阻碍 $0 \sim \omega_{s1}$ 和大于ω_{s2} 的信号。

④ 带阻滤波器：可以通过 $0 \sim \omega_{p1}$ 和大于ω_{p2} 的信号，阻碍$\omega_{s1} \sim \omega_{s2}$ 的信号。

2. s 域电路分析

s 域电路分析可以采用以下思路：

(1) 网络中的电阻、电容、电感等元件用 *s* 域模型替换。

(2) 采用戴维南定理、诺顿定理等分析获得电路系统方程，可采用基尔霍夫电压定律(KVL) 模型、基尔霍夫电流定律(KCL) 模型。

(3) 求出相应拉普拉斯变换和电路系统传递函数。

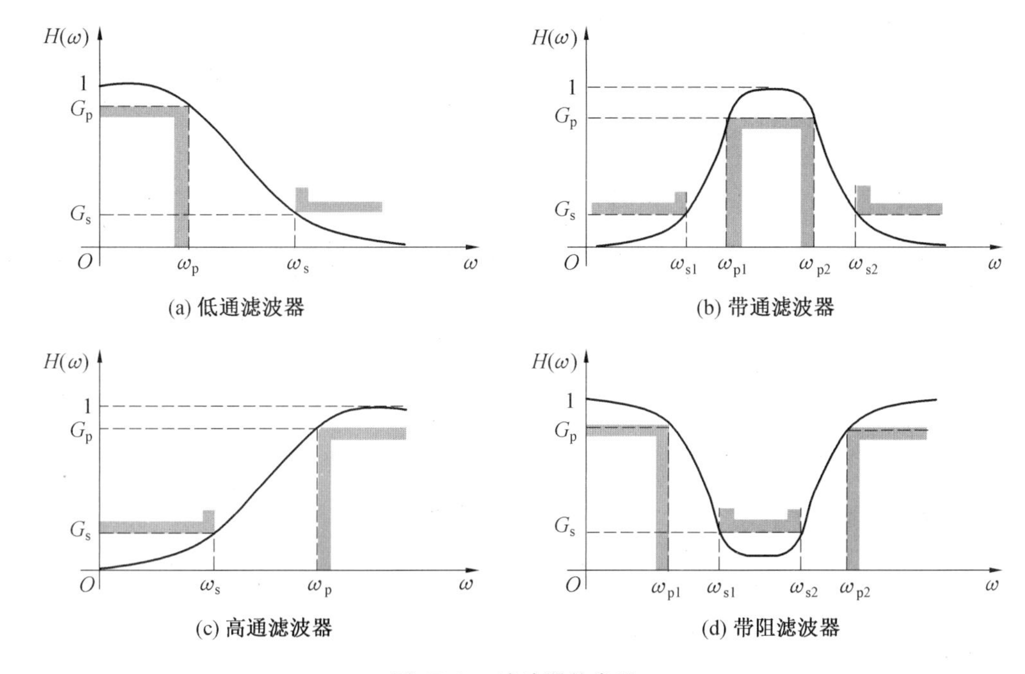

图 17.1　滤波器的类型

四、实验内容

(1) 如图 17.2 所示，R、L、C 元件构成一个二阶滤波器。已知 $R=2\ \Omega$，$L=0.4\ \mu\text{H}$，$C=0.05\ \mu\text{F}$，要求：

① 计算出电路频率响应。

提示：通过拉普拉斯变换建立电路传递函数，传递函数为$\frac{u_0}{u_i}$。

② 计算滤波器截止频率点和其增益。

提示：截止频率点增益为$\sqrt{\frac{1}{LC}}$。

(2) 利用 Matlab 编程并画出电路频率的幅度响应曲线和相位响应曲线，在图中显示出截止频率位置和对应的幅度响应，并判断滤波器类型(低通、高通、带通或带阻)。

提示：可利用 freqs() 函数，设置 100 个频率点。

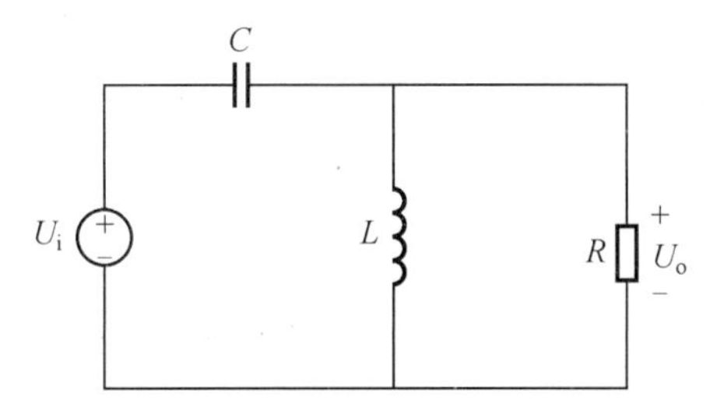

图 17.2　RLC 电路模型

(3) 已知矩形信号为

$$g(t)=\begin{cases}1, & |t|\leqslant \frac{\tau}{2} \\ 0, & |t|>\frac{\tau}{2}\end{cases} \tag{17.2}$$

① 计算出该信号幅度频谱和相位频谱。

② 当 $\tau=1$ 时，利用 Matlab 画出矩形信号时域波形，把数值代入问题(1) 的频域公式(频率点范围为 − 30 Hz ～ 30 Hz)，并在 Matlab 中画出幅度频谱。

提示：利用 Matlab 中阶跃函数 heaviside() 构造矩形信号。

③ 当 $\tau=1$ 时，分别利用 fourier() 和 fft() 函数求出和画出该信号幅度频谱，并分析其频率特性。

提示：把 fourier() 转变后的频域公式提取出来，把相应数值代入可求得幅度频谱。

五、注意事项

(1) 基本注意事项同实验 10，实验仪器要求同实验 10。

(2) 在调用函数时如遇到"未定义"等问题时，应首先检查软件是否正确安装。

(3) 注意实验内容中的提示。

六、实验报告要求

(1) 独立完成实验内容，诚实记录实验结果。

(2) 实验报告须包括：

① 电子版的实验报告。

② 程序源文件：*.m。

以上内容请按照顺序放到一个文件夹内，并将文件夹命名为：学号 − 姓名 − 实验 *，如：123456 − 张三 − 实验一。

附录 1　Matlab 基础知识

在 Matlab 内部，所有数据类型都是按照矩阵(数组)的形式进行存储和运算的。这里说的矩阵是广义的，它可以只有一个元素，也可以是一行或一列元素，还可能是最普通的二维数组，抑或是高维空间的多维数组；其元素可以是任意数据类型，如数值型、逻辑型、字符串型或单元型等。

理解矩阵(数组)概念及其各种运算和操作，是学习 Matlab 的一个重要环节。

一、常用数据类型

数据类型是掌握任何一门编程语言都必须首先了解的内容。Matlab 的数据类型主要有逻辑型、数值型、字符串型、矩阵型、元胞型、Java 型、函数句柄型、稀疏型及结构型等类型，其中数值型又分为单精度型、双精度型及整型，整型分无符号类型(uint8、uint16、uint32、uint64)和符号类型(int8、int16、int32、int64)两种。但是，需要牢记，在 Matlab 中，所有数据不管是属于什么类型，都是以数组或矩阵的形式保存的。

下面介绍几种常用的数据类型。

1. 数值型

数值型包括整型(符号和无符号)和浮点型(单精度和双精度)两种。在默认状态下，Matlab 将所有的数都看作双精度浮点数；双精度浮点数以 64 位存储。所有的数值类型都支持基本的数组运算；除 int64 和 uint64 外所有的数值类型都可以应用于数学运算。

(1)整型。

整型数据如图 1 所示，在 Matlab 中有 4 种符号类型和 4 种无符号类型。符号类型可以表示正数、负数和零，但是它表示的数值范围比无符号类型要小；无符号类型只能表示非负数。

```
>> x=325.499
x =
  325.4990
>> x=x+.001
x =
  325.5000
>> int16(x)  %对x取整
ans =
   326
>>  intmax('int8')  %最大的整型数值
ans =
  127
>>  intmin('int8')  %最小的整型数值
ans =
 -128
```

图 1　整型数据

(2)浮点型。

Matlab 中用双精度或单精度来表示浮点型的数据，默认为双精度，但用户可以用一个简单的转换函数把任何数据用单精度来表示。浮点型数据如图 2 所示。

```
>> clear
>> x=23.456
x =
  23.4560
>> y=single(x) %用函数single创建单精度数据
y =
  23.4560
>> whos
 Name      Size        Bytes  Class     Attributes

 x         1x1             8  double
 y         1x1             4  single
```

图 2　浮点型数据

(3)复数。

复数由两个独立部分组成：实部和虚部。虚部的基本单位为 $\sqrt{-1}$，在 Matlab 中常常用字母 i 或 j 来表示，如图 3 所示。

```
>> clear
>> x = rand(3) * 5  %复数的创建
x =
   1.9611    3.5302    0.2309
   3.2774    0.1592    0.4857
   0.8559    1.3846    4.1173
>>   y = rand(3) * -8  %rand(a)函数表示随机产生a个0~1之间的实数
y =
  -5.5586   -0.2756   -6.1241
  -2.5368   -3.5100   -6.3616
  -7.6018   -3.0525   -1.4950
>> z = complex(x,y)  % complex函数:c=complex(a,b), 则 c = a + bi
z =
  1.9611 - 5.5586i   3.5302 - 0.2756i   0.2309 - 6.1241i
  3.2774 - 2.5368i   0.1592 - 3.5100i   0.4857 - 6.3616i
  0.8559 - 7.6018i   1.3846 - 3.0525i   4.1173 - 1.4950i
```

图 3　复数

(4)无穷大和 NaN。

在 Matlab 中，用 inf、－inf 和 NaN(Not a Number)分别表示正无穷大、负无穷大和不确定值。

(5)数据类型的显示。

最常见的显示数据函数为 whos()，它可以显示变量的类型、大小、占用空间及属性值。在 Matlab 中还提供了其他函数来检验数据的类型，见表 1。

表1　常见数据类型识别函数

命令	操作
whos x	显示 x 的数据类型属性
type_x=class(x)	获取 x 的数据类型并赋值给 type_x
isnumeric(x)	确定 x 是否为数值类型
isa(x,'integer'),isa(x,'uint64') isa(x,'float'), isa(x,'double') isa(x,'single')	确定 x 是否为特别的数值类型 （如任一整型、无符号64－bit整型、 任意浮点型、双精度型、单精度型等）
isreal(x)	确定 x 是否为实数或复数类型
isnan(x)	确定 x 是否为非数
isinf(x)	确定 x 是否为无穷数
isfinite(x)	确定 x 是否为有限数

2. 字符型

在Matlab中，字符串指的是一个统一编码的字符排列。字符串用一个向量或字符来表示，字符串存储为字符数组，如图4所示，每个元素占用一个美国信息交换标准代码(American Standard Code for Information Interchange，ASCII)字符，对于存储长度不一的字符串和包含多个串的数组最好使用元胞类型数组。

```
>> name = 'Xiao Ming'  %创建1行9列的字符数组
name =
Xiao Ming
>> name2 = ['Xiao Ming'; 'Xiao Hong'] %创建二维字符数组
name2 =
Xiao Ming
Xiao Hong
>> whos
  Name      Size          Bytes  Class    Attributes

  name      1x9              18  char
  name2     2x9              36  char
```

图4　字符型数据

3. 逻辑型

逻辑型是用数字0和1分别表示逻辑假和逻辑真的数据类型。逻辑型的数据不一定是标量。Matlab也一样支持逻辑型数组，而且逻辑性的二维数组可能是稀疏的，如图5所示。

```
>> x = magic(4) >=9  %创建逻辑型数组
x =
   1   0   0   1
   0   1   1   0
   1   0   0   1
   0   1   1   0
```

图5 逻辑型数据

除以上几种数据类型外，常用的数据类型还包括元胞型、结构型、Java型、函数句柄型等，这里就不逐一介绍了。

二、矩阵及其应用

Matlab 语言是由专门用于矩阵运算的计算机语言发展而来的。Matlab 语言最重要、最基本的功能就是进行实数或复数矩阵的运算，其所有的数值计算功能都是以矩阵（或数组）为基本单元来实现的，尤其是在 Matlab 图形图像处理、信号处理和控制理论等方面涉及大量的矩阵运算。矩阵运算和数组运算在形式上有很多相似之处，但是在 Matlab 中二者的运算性质是不同的，数组运算强调的是元素对元素的运算，而矩阵运算则采用线性代数的运算方式，二者不能混为一谈，否则可能会产生一些不可预期的错误。

1. 矩阵的创建

矩阵的创建方法和数组的创建方法类似，也可以通过直接输入、增量法、利用函数 linspace()或 logspace()等方式几种；当创建矩阵的数据比较多的时候，可以通过 Matlab 提供的矩阵编辑器（Matrix Editor）来生成或者修改矩阵。

一般创建矩阵的方法和创建变量的方法是一样的，前面已经介绍过。这里介绍从.xls(.xlsx)文件导入矩阵的方法。在菜单栏点击“Impute Data”，在弹出的对话框中选择需要导入的数据文件，然后出现图6所示的对话框。在“Import”对话框中，可以通过鼠标选择“Sheet”中的数据，也可以通过编辑菜单中的“Range”来规定需要导入的数据的范围，同时，可以选择以什么样的方式导入数据，并对没有选择的数进行何种操作（图中选择的操作是以不确定值代替）。最后，点击“Import Selection”按钮，数据导入成功。导入成功后，可以通过编辑变量的方式对矩阵进行修改名称、修改数据等操作，如图7所示。

2. 矩阵的基本操作

（1）元素的提取。

在矩阵操作中常常要获取矩阵中的某个特殊元素，在 Matlab 中可以通过 A(row, column)来提取单个元素，获取矩阵的部分元素可以采用冒号运算符方法，具体如下：

①**A**(:)为二维矩阵 **A** 的所有元素。

②**A**(:,:)为二维矩阵 **A** 的所有元素。

③**A**(:,*k*)为 **A** 的第 *k* 列，**A**(*k*,:)为 **A** 的第 *k* 行。

④**A**(*k*,*m*)为 **A** 的第 *k* 个到第 *m* 个元素，取值的默认顺序是第1个是第1列第1行，第1列第2行，……，第2列第1行……，以此类推。

⑤**A**(:,*k*:*m*)为 **A** 的第 *k* 列到第 *m* 列组成的子矩阵。

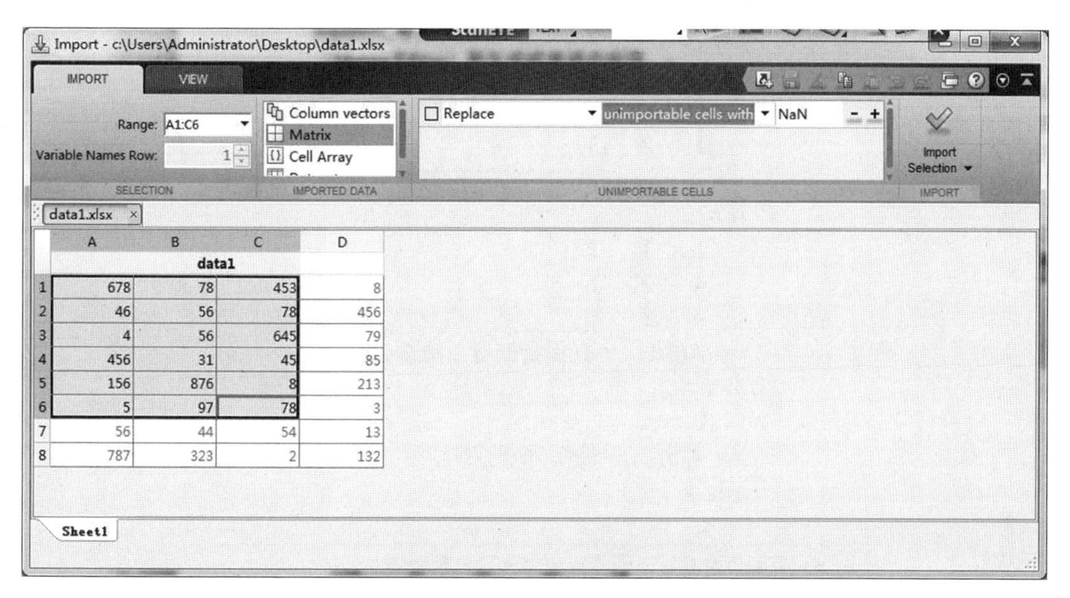

图 6　导入数据对话框

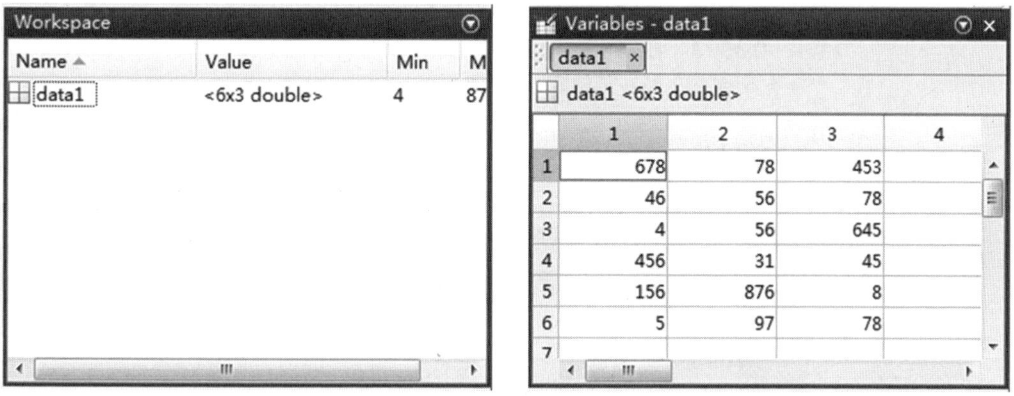

图 7　编辑矩阵

矩阵元素提取如图 8 所示。

(2)矩阵的旋转。

矩阵的旋转操作在矩阵运算中也是经常用到的。Matlab 提供的旋转操作主要有三个函数，分别是矩阵的左右旋转：fliplr($\boldsymbol{A}$)；矩阵的上下旋转：flipud($\boldsymbol{A}$)；矩阵逆时针旋转 90°：rot90($\boldsymbol{A}$)，逆时针旋转 $k\times 90°$：rot90($\boldsymbol{A},k$)。矩阵的旋转如图 9 所示。

```
>> clear
>> a=[1,2,3]
a =
   1   2   3
>> A = vander(a)   %范德蒙阵
A =
   1   1   1
   4   2   1
   9   3   1
>> A(3,1)   %获得A第3行，第1列的元素
ans =
   9
>> A(5)   %A的第5个元素的索引
ans =
   2
>> A=hilb(3)   %创建3维的希尔伯特矩阵
A =
   1.0000   0.5000   0.3333
   0.5000   0.3333   0.2500
   0.3333   0.2500   0.2000
>> S = A(1,3) + A(2,3) + A(3,3)
S =
   0.7833
>> S = sum(A(1:3,3))   %提取矩阵多个元素，并计算和值
S =
   0.7833
>> S = sum(A(:))   %计算矩阵多有元素之和
S =
   3.7000
```

图 8　矩阵元素提取

(3)矩阵的转置。

矩阵的转置在控制理论等问题中使用比较广泛。矩阵的转置与数组的转置操作是不同的，在 Matlab 中提供矩阵转置操作符为“′”，而数组转置操作符为“.′”，如图 10 所示。

(4)矩阵的缩放。

矩阵的缩放包括矩阵的扩大和矩阵的缩小。

①矩阵的扩大。当将数据保存在矩阵的元素之外时，矩阵将会自动增大空间来保存这个新增的元素，如图 11 所示。

②矩阵的缩小。可以通过将行或列指定为空数组 B 从而删除矩阵中的行或列，但是不能从矩阵中删除单个的元素，如图 12 所示。

```
>> clear
>> A = magic(3)  %创建魔术矩阵A
A =
    8    1    6
    3    5    7
    4    9    2
>> B = fliplr(A)
B =
    6    1    8
    7    5    3
    2    9    4
>> C = flipud(A)
C =
    4    9    2
    3    5    7
    8    1    6
>> D = rot90(A,2)  %逆时针旋转两个90°
D =
    2    9    4
    7    5    3
    6    1    8
```

图 9　矩阵的旋转

```
>> clear
>> A = [1 2;1i 2i]
A =
   1.0000 + 0.0000i   2.0000 + 0.0000i
   0.0000 + 1.0000i   0.0000 + 2.0000i
>> B = A'  %矩阵转置
B =
   1.0000 + 0.0000i   0.0000 - 1.0000i
   2.0000 + 0.0000i   0.0000 - 2.0000i
>> C = A.'  %数组转置
C =
   1.0000 + 0.0000i   0.0000 + 1.0000i
   2.0000 + 0.0000i   0.0000 + 2.0000i
```

图 10　矩阵的转置

(5)获取矩阵的信息。

在矩阵数值运算的时候常常要涉及矩阵的相关信息,Matlab 提供了几个常用的函数来获取矩阵信息,矩阵常用命令见表 2。

```
>> clear
>> A = eye(3)   %创建3维单位矩阵A
A =
    1   0   0
    0   1   0
    0   0   1
>> A(3,5) = 8
A =
    1   0   0   0   0
    0   1   0   0   0
    0   0   1   0   8
```

图 11　矩阵的扩大

```
>> clear
>> A = rand(3)
A =
   0.8147   0.9134   0.2785
   0.9058   0.6324   0.5469
   0.1270   0.0975   0.9575
>> A(1,3) = []  %从随机矩阵A中删除单个的元素，系统会报错
Subscripted assignment dimension mismatch.
>> A(:,2) = []  %删除一列
A =
   0.8147   0.2785
   0.9058   0.5469
   0.1270   0.9575
```

图 12　矩阵的缩小

表 2　矩阵常用命令

命令	功能
length(**A**)	获取矩阵 **A** 最长的维的长度
numel(**A**)	获取矩阵 **A** 的元素个数
size(**A**)	获取矩阵 **A** 的维数
ndims(**A**)	获取矩阵 **A** 维数的长度，即 ndims(**A**)＝length(size(x))

3. 特殊矩阵

在矩阵论中介绍过许多特殊矩阵，这里介绍一些在 Matlab 中常用的特殊矩阵，它们在控制理论的问题中经常被用到。这些矩阵有的在本书之前的举例说明中出现过，这里再综合起来统一说明。特殊矩阵见表 3。

表3　特殊矩阵

矩阵名	函数名	矩阵特点	举例	
			函数输入	结果
零矩阵	zeros()	元素全部为0	zeros(3)	0 0 0 0 0 0 0 0 0
全1矩阵	ones()	元素全部为1	ones(3)	1 1 1 1 1 1 1 1 1
单位矩阵	eye()	对角线为1,其余为0,通常用I表示	eye(3)	1 0 0 0 1 0 0 0 1
对角矩阵	diag()	对角线上为任意数,其他元素为0	***a***=[1,2,3] diag(***a***)	1 0 0 0 2 0 0 0 3
上三角阵	triu()	对角线的下面部分全为0	***a***=[1 2 3;4 5 6; 7 8 9] triu(***a***)	1 2 3 0 5 6 0 0 9
下三角阵	tril()	对角线的上面部分全为0	***a***=[1 2 3;4 5 6; 7 8 9] tril(***a***)	1 0 0 4 5 0 7 8 9
随机矩阵	rand()	由(0,1)区间内的随机数组成	rand(3)	0.964 8　0.957 1　0.141 8 0.157 6　0.485 3　0.421 7 0.970 5　0.800 2　0.915 7
魔术矩阵	magic()	每行、每列及对角线上的元素之和相等	magic(3)	8 1 6 3 5 7 4 9 2
范德蒙德阵	vander()	呈现范德蒙德式特点,由矩阵元素次方组成	***a***=[1,2,3] vander(***a***)	1 1 1 4 2 1 9 3 1
伴随矩阵	company()	一个矩阵的伴随矩阵	**A**=[1 2 8 7] compan(**A**)	−2 −8 −7 1 0 0 0 1 0

续表3

矩阵名	函数名	矩阵特点	举例	
			函数输入	结果
希尔伯特阵	hilb()	又称病态矩阵，i 行 j 列的元素均为 $1/i+j-1$	hilb(3)	1　0.500 0　0.333 3 0.500 0　0.333 3　0.250 0 0.333 3　0.250 0　0.200 0
哈达马阵	hadamard()	元素均由 1 或 −1 组成，且满足 $H' * N = N * I$。	hadamard(4)	1　1　1　1 1　−1　1　−1 1　1　−1　−1 1　−1　−1　1

下面举例说明常用特殊矩阵在实际中的应用，蒙特卡洛评估方法如图 13 所示，运用魔术矩阵绘制三维图形如图 14 所示。

```
>> clear
>> close all
>> rand('seed',.123456)
>> NumberInside = 0;
>> PiEstimate = zeros(500,1);  %通过zeros函数创建一个500行，1列的零矩阵，并赋值给PiEstimate
>> for k = 1: 500  %for循环，k从1循环到500，k每取一个值，进行以下操作，直至k超出范围
x = -1 + 2*rand(100,1);
y = -1 + 2*rand(100,1);
 NumberInside = NumberInside + sum(x.^2 + y.^2 <= 1);  %x.^2表示x数组的每个值取2次方
PiEstimate(k) = (NumberInside / (k*100)) * 4;  %计算估值
end  %本次循环结束，当k值不在1~500范围内时，整个循环结束
>> plot(PiEstimate)  %表示将估值曲线画出来
>> title(sprintf('Monte Carlo Estimate of Pi = %3.5f', PiEstimate(500)));  %为曲线图添加图例
>> xlabel('Hundreds of Trials')
```

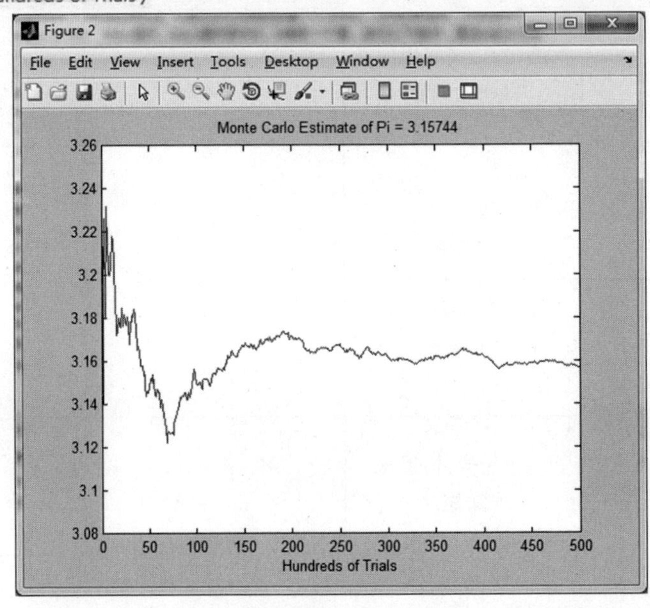

图 13　蒙特卡洛评估方法

```
>> for n = 8:11
subplot(2,2,n-7)
surf(magic(n))
title(num2str(n))
axis off
view(30,45)
axis tight
end
```

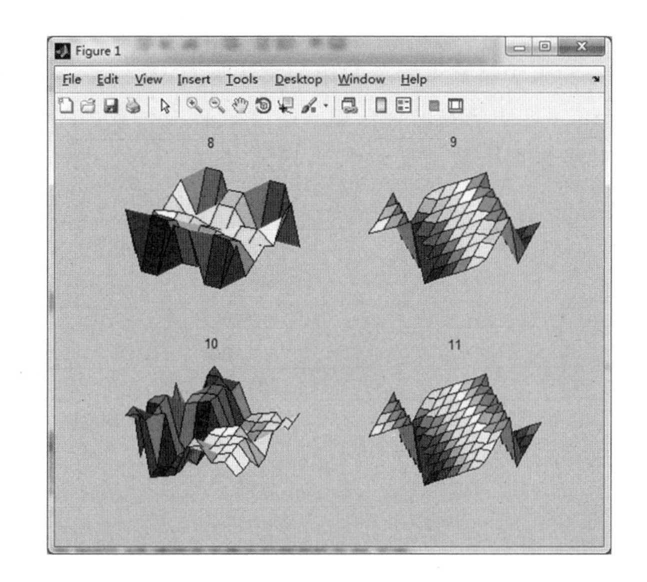

图 14　运用魔术矩阵绘制三维图形

4. 矩阵的基本数值运算

矩阵的基本运算主要包括矩阵与常数的运算、矩阵与矩阵的运算、矩阵的幂运算、指数运算、对数运算、开方运算、矩阵的逆运算，以及矩阵的行列式运算。

(1)矩阵的加法(减法)运算。

矩阵的加法(减法)运算包括矩阵与常数之间和矩阵与矩阵之间的加法(减法)运算。前者是指矩阵中各元素与常数之间的运算，后者是指矩阵中各元素之间的加法(减法)运算。需注意的是：在进行矩阵的加法(减法)运算时它们的维数必须相同，矩阵的加法(减法)运算如图 15 所示。

```
>> A = rand(3)
A =
    0.6126    0.4134    0.5953
    0.0709    0.6867    0.8137
    0.6878    0.9414    0.5012
>> B = A+10
B =
   10.6126   10.4134   10.5953
   10.0709   10.6867   10.8137
   10.6878   10.9414   10.5012
>> C = magic(3)
C =
     8     1     6
     3     5     7
     4     9     2
>> D = B - C
D =
    2.6126    9.4134    4.5953
    7.0709    5.6867    3.8137
    6.6878    1.9414    8.5012
```

图 15　矩阵的加法(减法)运算

(2)矩阵的乘法运算。

矩阵的乘法运算不同于数组的乘法运算,它们的运算符号也不相同,前者为“ * ”,后者为“. * ”。两矩阵在做乘法运算时维数必须一致,除非其中一个为标量;而数组运算的乘法运算要求两个数组必须大小相同,除非其中一个为标量。矩阵的乘法运算如图 16 所示。

```
>> A = pascal(3);
>> B = magic(3);
>> m = 3; n = 3;
>> for i = 1:m
for j = 1:n
C(i,j) = A(i,:) * B(:,j);
end
end
>> C
C =
   15   15   15
   26   38   26
   41   70   39
>> X = A * B
X =
   15   15   15
   26   38   26
   41   70   39
>> Y = B * A
Y =
   15   28   47
   15   34   60
   15   28   43
>> Z = B .* A
Z =
    8    1    6
    3   10   21
    4   27   12
>> ZZ = A .* B
ZZ =
    8    1    6
    3   10   21
    4   27   12
```

图 16　矩阵的乘法运算

(3)矩阵的除法运算。

在 Matlab 中,矩阵的除法运算有两种:左除和右除,运算符分别为“\”和“/”,二者的概念完全不同。矩阵的除法运算一般可以用来求解方程组的解,但应注意:矩阵的左除用来求解线性方程组 $\boldsymbol{A} * \boldsymbol{X}=b$,其中 $\boldsymbol{X}=\boldsymbol{A}\backslash b$;矩阵的右除用来求解线性方程组 $\boldsymbol{X} * \boldsymbol{A}=b$,

其中 $\boldsymbol{X}=b/\boldsymbol{A}$。矩阵的除法运算如图 17 所示。

```
>> clear
>> A = magic(3);
>> B = [1 3 4;2 1 2;2 1 1];
>> C1 = A\B  %矩阵的左除，等价于inv(A)*B
C1 =
  -0.0139    0.3611    0.3639
   0.1944   -0.0556   -0.0944
   0.1528    0.0278    0.1972
>> C2 = A/B  %矩阵的右除，等价于A*inv(B)
C2 =
  -1.2000    6.2000   -1.6000
   1.4000    0.6000    0.2000
   2.8000   -9.8000   10.4000
```

图 17　矩阵的除法运算

(4)矩阵的幂运算。

矩阵的幂运算表达式为“$\boldsymbol{A}$^B”，其中 $\boldsymbol{A}$ 可以是矩阵或者标量，且 B 不能为矩阵。矩阵的幂运算如图 18 所示。

```
>> A = rand(3)
A =
   0.2075    0.6227    0.3547
   0.8892    0.7432    0.5753
   0.2717    0.5842    0.3619
>> A^-2
ans =
  1.0e+04 *
   0.1978    0.0323   -0.2513
   0.4049    0.0677   -0.5168
  -0.8222   -0.1366    1.0482
```

图 18　矩阵的幂运算

图中，显示结果时，Matlab 给出了结果显示的有效位数，表达为“1.0e+04 *”，表示的是保留 4 位有效数字。

(5)矩阵的指数运算、对数运算和开方运算。

矩阵的指数运算、对数运算和开方运算不是对矩阵中的单个元素的运算，而是对矩阵整体的运算。矩阵的这三种运算分别通过 Matlab 提供的函数 expm()、logm()、sqrtm()来实现，这与对应的数组的三种运算函数 exp()、log()、sqrt()是不同的，矩阵的指数运算、对数运算和开方运算如图 19 所示。

```
>> a = [1 2 3]; %创建数组a
>> A = vander(a)
A =
    1    1    1
    4    2    1
    9    3    1
>> B = sqrtm(A)  %矩阵的开方运算
B =
   0.8943 + 0.7487i   0.3536 + 0.0000i   0.2912 - 0.2496i
   1.3518 - 0.2496i   1.0607 + 0.0000i   0.3744 + 0.0832i
   2.6828 - 1.9965i   1.0607 - 0.0000i   0.8735 + 0.6655i
>> C = sqrt(A)  %数组的开方运算
C =
   1.0000   1.0000   1.0000
   2.0000   1.4142   1.0000
   3.0000   1.7321   1.0000
```

图 19　矩阵的指数运算、对数运算和开方运算

(6)矩阵的逆运算。

矩阵的逆运算即求矩阵的逆矩阵,它是矩阵运算中非常重要的运算之一。在线性代数里面求解逆矩阵是一件非常复杂的事情,在 Matlab 中,提供的函数 inv()能够简便地解决问题。矩阵的逆运算如图 20 所示。

```
>> clear
>> A = [4 8 9; 7 6 3; 1 5 2];
>> inv(A)
ans =
   -0.0186    0.1801   -0.1863
   -0.0683   -0.0062    0.3168
    0.1801   -0.0745   -0.1988
```

图 20　矩阵的逆运算

(7)矩阵的行列式运算。

在 Matlab 中,直接使用函数 det()可求得矩阵的行列式大小。矩阵的行列式运算如图 21 所示。

```
>> A = [4 8 9; 7 6 3; 1 5 2];
>> det(A)
ans =
  161.0000
```

图 21　矩阵的行列式运算

(8)矩阵基本运算应用。

矩阵在实际应用中的应用非常广泛,下面通过一个例子来说明。

利用矩阵运算求解下面的线性方程组:

$$\begin{cases}2x_1+5x_2+4x_3=7\\-x_1+3x_2=10\\x_1-2x_2+6x_3=3\end{cases}$$

首先，把线性方程组变换成矩阵除法的运算形式：$\boldsymbol{A}*\boldsymbol{X}=\boldsymbol{B}$，有：$\boldsymbol{A}$=[2 5 4;－1 3 0;1 －2 6]，$\boldsymbol{B}$=[7;10;3]。然后通过矩阵的左除运算即可求解方程组，如图 22 所示。

```
>> A = [2 5 4;-1 3 0;1 -2 6]
A =
     2     5     4
    -1     3     0
     1    -2     6
>> B = [7;10;3]
B =
     7
    10
     3
>> X = A\B
X =
   -4.6774
    1.7742
    1.8710
```

图 22　矩阵运算例子

5. 矩阵的特征参数运算

特征值和特征向量的求解和运算问题是线性代数中一个重要的课题，它们在工程应用和科学实践中应用非常广泛。下面将介绍常见的矩阵特征参数的运算及其应用。

(1)特征值运算。

在线性代数中，求矩阵的特征值是一件比较麻烦的事情。在 Matlab 中，矩阵的特征值可以通过函数 eig()和 eigs()得到，如图 23 所示。

(2)秩运算。

矩阵的秩在线性代数中运用也十分广泛，Matlab 提供求矩阵的秩的函数为rank()，如图 24 所示。

(3)逆运算及伪逆运算。

矩阵的逆(有些资料和书籍上也称为矩阵的迹)指矩阵主对角线上所有元素的和。在 Matlab 中，使用函数 trace()来进行逆运算，伪逆运算的函数为 pinv()，如图 25 所示。

```
>> A = magic(5)
A =
   17   24    1    8   15
   23    5    7   14   16
    4    6   13   20   22
   10   12   19   21    3
   11   18   25    2    9
>> E = eig(A)
E =
  65.0000
 -21.2768
 -13.1263
  21.2768
  13.1263
>> [V,D] = eig(A)   %V,D分别为矩阵A的特征向量和特征值组成的矩阵
V =
  -0.4472   0.0976  -0.6330   0.6780  -0.2619
  -0.4472   0.3525   0.5895   0.3223  -0.1732
  -0.4472   0.5501  -0.3915  -0.5501   0.3915
  -0.4472  -0.3223   0.1732  -0.3525  -0.5895
  -0.4472  -0.6780   0.2619  -0.0976   0.6330
D =
  65.0000         0         0         0         0
        0  -21.2768         0         0         0
        0         0  -13.1263         0         0
        0         0         0   21.2768         0
        0         0         0         0   13.1263
```

图 23　特征值运算

```
>> A = rand(5)
A =
    0.8147    0.0975    0.1576    0.1419    0.6557
    0.9058    0.2785    0.9706    0.4218    0.0357
    0.1270    0.5469    0.9572    0.9157    0.8491
    0.9134    0.9575    0.4854    0.7922    0.9340
    0.6324    0.9649    0.8003    0.9595    0.6787
>> r = rank(A)
r =
     5
```

图 24　秩运算

```
>> clear
>> A = [1 6 8;4 0 9;3 7 5];
>> tra = trace(A)
tra =
    6
>> p = pinv(A)
p =
  -0.3103    0.1281    0.2660
   0.0345   -0.0936    0.1133
   0.1379    0.0542   -0.1182
```

图25　逆运算及伪逆运算

(4)正交化运算。

在矩阵论中,判断一个矩阵是否是正交矩阵的充分必要条件是该矩阵的列向量都是单位向量,且两两正交。在Matlab中,通过函数orth()来求得矩阵的正交矩阵,如图26所示。

```
>> A = [25 18 9;30 2 15;8 40 6];
>> B = orth(A)
B =
  -0.5874   -0.1954   -0.7854
  -0.4690   -0.7086    0.5271
  -0.6595    0.6780    0.3246
>> I = B*B'  %验证B是否为正交矩阵
I =
   1.0000         0    0.0000
        0    1.0000   -0.0000
   0.0000   -0.0000    1.0000
```

图26　正交化运算

(5)其他常用运算。

矩阵的特征值还包括条件数、范数、奇异值等,这些运算在实际线性代数中都不太好求得,在Matlab中给出了对应的函数获取特征值,这里不逐一举例说明,具体函数见表4。

表4　矩阵运算常用命令

函数	功能
cond()	计算矩阵的条件数,默认为2－范数
condest()	计算1－范数矩阵的条件数
recond()	计算矩阵的逆条件数
norm(A,'*')	计算矩阵的范数,*为类型,inf表示无穷范数,fro表示弗罗贝尼乌斯范数,2表示2－范数
normest()	计算矩阵的范数,默认为2－范数

续表 4

函数	功能
svd()	计算矩阵的奇异值
svds()	计算矩阵的奇异值(向量)

6. 矩阵的分解运算

Matlab 有强大的数学处理能力，主要是因为它提供了大量的矩阵运算函数，这些函数能够帮助用户非常轻松地解决数学计算中那些求解过程复杂的难题。这里将要介绍一些在数值分析中占据重要地位的分解运算。矩阵的分解运算是指将给定的矩阵分解成特殊矩阵的乘积的过程。一般的矩阵分解运算主要有：三角(LU)分解、正交(QR)分解、Chollesky(CHOL)分解、特征值(EIG)分解和奇异值(SVD)分解，下面就不一一介绍了。

三、常用运算

数学运算中除了前面的基本数值计算以外，还支持其他许多的科学运算方式，主要有符号表达式及其基本运算，包括符号精度的控制、符号矩阵和代数运算、符号微积分、积分变换和方程求解等，另外还有关系和逻辑运算、多项式运算等，它们可以广泛应用于数学、物理、工程力学等各个学科的科研和工程中。

1. 符号运算

与数值运算不同，数值运算必须先对变量赋值才能参与运算，而符号运算无须事先对独立变量赋值，运算结果以标准的符号形式表达。符号运算可以获得任意精度的解。

符号表达式一定要用单引号(' ')括起来 Matlab 才能识别，单引号内可以是符号表达式，也可以是符号方程，如 f1='a * x^2+b * x+c'为二次三项式，f2=' a * x^2+b * x+c=0'为方程。符号表达式或符号方程可以赋给符号变量，以方便调用；也可以不赋给符号变量，直接参与运算。

Matlab 中用 sym(str)定义符号变量。Matlab 支持的符号运算几乎和数值运算完全相同，关系和逻辑运算符同样也可针对符号变量进行。符号表达式到数值变量的转换可以用 subs(f,x,y)实现，即用 y 替换表达式 f 中的 x，如果 y 仍是符号变量，则 subs()实现符号替换。而符号矩阵可以通过命令 sym()创建，如图 27 所示。

图中，"clear"之前的部分完成了一个符号矩阵的创建工作。符号矩阵的每一行的两端都有方括号，这是符号矩阵与 Matlab 数值矩阵的一个重要区别。

另一方面，将数值矩阵转化符号矩阵的函数调用格式为 sym(**A**)，**A** 为数值矩阵，具体用法如图 27"clear"之后的部分。

数值运算中，所有矩阵运算操作指令都比较直观、简单；而符号运算就不同了，所有涉及符号运算的操作都由专用函数来进行，常用的符号运算函数见表 5。

```
>> A = sym('[a, 2*b; 3*a, 0]')
A =
[  a, 2*b]
[ 3*a,   0]
>> clear
>> A = [1/3, 2.3; 1/0.7, 2/5];
>> sym(A)
ans =
[  1/3, 23/10]
[ 10/7,   2/5]
```

图 27　创建符号矩阵

表 5　常用的符号运算函数

函数	功能	函数	功能
symadd()	符号矩阵的加	charploy()	特征多项式
symsub()	符号矩阵的减	determ()	符号矩阵行列式的值
symmul()	符号矩阵的乘	eigensys()	特征值和特征向量
symdiv()	符号矩阵的除	inverse()	逆矩阵
sympow()	符号矩阵的幂运算	transpose()	矩阵的转置
symop()	符号矩阵的综合运算	jordan()	约旦标准型
symsize()	求符号矩阵的维数	simple()	符号矩阵的简化

2. 关系和逻辑运算

除了拥有强大的矩阵数学运算功能和前面介绍的符号运算外，Matlab 同样拥有功能强大的关系运算和逻辑运算。在执行关系运算及逻辑运算时，Matlab 将输入的不为 0 的数值都视为真(true)，而为 0 的数值则视为假(false)。同时，判断为真者以 1 表示，而判断为假者以 0 表示，其中各个运算元须用于两个大小相同的数组或是矩阵中的比较。

(1)关系运算符。

主要有 6 个常用关系运算符，见表 6。

表 6　常用关系运算符

关系运算符	说明	对应的函数
==	等于	eq(A,B)
～=	不等于	ne(A,B)
<	小于	lt(A,B)
>	大于	gt(A,B)
<=	小于等于	le(A,B)
>=	大于等于	ge(A,B)

(2)逻辑运算符。

Matlab 的逻辑运算符与其他语言一样主要有三种:逻辑与、逻辑或和逻辑非,其特点和关系运算符相似,相应的符号和函数见表 7。

表 7 常用逻辑运算符

逻辑运算符	说明	对应的函数
&	逻辑与	and(A,B)
|	逻辑或	or(A,B)
~	逻辑非	nor(A,B)

3. 多项式运算

多项式运算是数学中最基本的运算之一,在许多学科中都有着非常广泛的应用。Matlab 提供了许多多项式运算函数,如多项式的求值、求根、多项式的微积分运算、曲线拟合、插值及部分分式展开等,常用多项式运算函数见表 8。

表 8 常用多项式运算函数

函 数	功能
conv()	多项式相乘、卷积
deconv()	多项式相除、反卷积
poly()	用多项式的根求多项式系数
polyder()	多项式求导
polyfit()	多项式拟合
polyval()	代数多项式求值
polyvalm()	矩阵多项式求值
residue()	部分分式展开(残差运算)
roots()	多项式求根

利用 Matlab 中的函数对多项式进行计算是非常简单的一件事,这为工程应用和科学计算节约了大量的时间,如求多项式 $f(x)=5x^3+6x^2+3x+9$ 的微分,如图 28 所示,得到微分后的多项式为 $g(x)=15x^2+12x+3$;再对 $g(x)=15x^2+12x+3$ 求积分,得到的结果是 $f(x)=5x^3+6x^2+3x+C$,其中 C 为常数。

4. 运算符的优先级

在 Matlab 中各种运算符的优先级依次降低,优先级表见表 9。

```
>> p = [5 6 3 9];
>> m = polyder(p)
m =
   15   12    3
>> s = length(m):-1:1
s =
    3    2    1
>> p = [m./s,0]
p =
    5    6    3    0
```

图28　微分例子

表9　优先级表

优先级	运算符
1	′(矩阵转置)、^(矩阵幂)、.^(数组转置)、.^(数组幂)
2	～(逻辑非)
3	*(乘)、/(右除)、\(左除)、.*(点乘)、./(右点除)、.\(左点除)
4	＋(加)、－(减)
5	：、＜、＞、＜＝、＞＝、～＝
6	&(逻辑与)
7	|(逻辑或)
8	&&(先决与)
9	||(先决或)

四、Matlab绘图

Matlab不仅具有强大的数值运算功能，还具有强大的二维和三维绘图功能，尤其擅长各种科学计算运算结果的可视化。计算的可视化可以将杂乱的数据通过图形来表示，从中观测出其内在的关系。Matlab的图形命令格式简单，可以使用不同线型、色彩、数据点和标记等来修饰图形。

1.二维绘图

在Matlab中，绘制曲线的基本函数有很多，表10列出了二维绘图常用函数。

表10　二维绘图常用函数

函数	功能
plot()	二维绘图
plotyy()	在同一坐标轴中进行双 Y 轴绘图
semilogx()	X 轴以对数为刻度的二维绘图
semilogy()	Y 轴以对数为刻度的二维绘图

续表 10

函数	功能
loglog()	X 轴和 Y 轴都以对数为刻度的二维绘图
polar()	绘制极坐标图
contour()	绘制等高线图

其中最常用的是 plot()函数,使用该函数可以非常简单地绘制出一个任意的二维图形,其他许多特殊绘图函数都是以它为基础而形成的。plot()函数主要用于绘制线性坐标平面图形,对于不同的输入参数,其用不同的形式可实现不同的绘制效果。plot()函数常用的形式有以下几种:plot(x)默认自变量,当 $\boldsymbol{x}$ 是实向量时,以该向量元素的下标为横坐标,元素值为纵坐标画出一条连续曲线,相当于绘制折线图;plot(x,y)绘制单条曲线,分别用于存储 x 坐标和 y 坐标数据,$\boldsymbol{x}$、$\boldsymbol{y}$ 是相同类型的等长向量,表示线条上抽样点的两个坐标值;plot(x_1,y_1,x_2,y_2,…)绘制多条曲线,含义同 plot(x,y);plot(x,y,s)函数中附加的 s 参数为定义线型及曲线其他属性(如颜色、宽度等)的字符串,可以对绘制的曲线进行修饰和控制。

2. 三维绘图

在 Matlab 中,用户经常用到的绘制三维图形的命令有 plot3()函数、网格函数及着色函数。

plot3()函数也是绘制三维图形的基本命令,与二位图形的 plot()函数类似,是 plot()函数的三维扩展。plot3()函数语法与 plot()函数也类似,如 plot3(x,y,z)即表示绘制 $\boldsymbol{x}$,$\boldsymbol{y}$,$\boldsymbol{z}$ 向量的三维图形,plot3(x,y,z,s)中 s 有关取值与 plot()函数一致。

3. 统计绘图

在 Matlab 中,二维统计分析图形很多,常见的有条形图、阶梯图、杆图和填充图等,统计绘图常见函数见表 11。

表 11　统计绘图常见函数

函数	功能
bar()	绘制条形图(竖直)
harh()	绘制水平条形图
errorbar()	绘制误差图
hist()	绘制柱形图
stem()	绘制火柴杆图
stairs()	绘制阶梯图
pie()	绘制扇形图

4. 图形修饰与控制

(1)绘图控制参数。

绘图控制参数是指绘图函数中,用于控制图形属性,如颜色、线型和点型的参数,如 plot(x,y,′s′)中的′s′。Matlab 提供了一些绘图选项,用于确定所绘曲线的线型、颜色和数据点标记符号,它们可以组合使用。例如,′b—.′表示蓝色点划线,′y:d′表示黄色虚线并用菱形符标记数据点。当选项省略时,Matlab 规定,线型一律用实线,颜色为蓝色。常用绘图控制参数见表 12。

表 12　常用绘图控制参数

线型	基本点标记	颜色
—　实线	.　点	y　黄色
:　虚线	。　小圆圈	m　棕色
—.　点划线	×　叉子符	c　青色
——　间断线	+　加号	r　红色
	*　星号	g　绿色
	s　方格	b　蓝色
	d　菱形	w　白色
		k　黑色

(2)图形标注与坐标控制。

为了美化图形,还常用如下图形的修饰与控制函数,见表 13。

表 13　标注与坐标

函数	功能
title()	给图形加标题
xlabel()	给 X 轴加标注
ylabel()	给 Y 轴加标注
text()	在图形指定的任意位置加标注
gtext ()	利用鼠标将标注加到图形任意位置
grid on/off	打开/关闭坐标网格线
legend()	添加图例
axis()	控制坐标轴刻度(默认为 1)

附录 2　Matlab 程序设计

通过前面的介绍已经知道，Matlab 提供了各种功能强大的函数库，为了调用这些函数实现用户所需的计算和仿真功能，需要进行程序设计、调试和运行。

一、M 文件

在实际应用中，直接在 Matlab 工作空间的命令窗口中输入简单的命令并不能够满足用户的所有需求，因此 Matlab 提供了另一种强大的工作方式，即利用 M 文件编写工作方式。

M 文件因其扩展名为.m 而得名，它是一个标准的文本文件，因此可以在任何文本编辑器中进行编辑、存储、修改和读取。M 文件的语法类似于一般的高级语言，是一种程序化的编程语言，但又比一般的高级语言简单、直观，且程序易调试、交互性强。Matlab 在初始运行 M 文件时会将其代码装入内存，再次运行该文件时会直接从内存中取出代码运行，因此会大大加快程序的运行速度。

1. M 文件分类

M 文件分为两种，一种是脚本文件(scripts file)，另一种是函数文件(function file)。

Matlab 脚本文件类似于 DOS 系统中.bat 批处理文件，即脚本文件通常为一连串的 Matlab 指令，可以将烦琐的计算或操作放在一个 M 文件里面，每当调用这一连串指令时，只需输入 M 文件名即可，从而简化了操作。Matlab 脚本文件通常无输入参数和返回参数，利用的数据和产生的中间结果都保存在 Matlab 的基本工作空间中。

Matlab 函数文件与脚本文件不同，可以接受输入变量，并可返回结果。M 函数文件通常在扩充 Matlab 函数库中使用，并且可以接受参数，也可以返回参数；而且不像 C 语言一个函数只能返回一个值，Matlab 函数可以返回任意多个值，其利用的数据和产生的中间结果都保存在函数本身独立的工作空间中。

M 函数文件的实现对于用户来说是透明的。M 函数文件运行时，会创建此函数的函数工作空间(function workplace)，运算中产生的变量都存放在这个工作空间中，与其他函数空间和 Matlab 基本工作空间相独立。因此，大型的程序宜用函数文件，便于封装与调试。

2. M 文件编辑

新建脚本文件可以单击按钮“NewScript”或“New”—“Script”，Matlab 会自动弹出“Editor”窗口，在该窗口上可以对新建的 M 文件进行编辑、调试。类似的，新建一个函数文件可以在菜单栏选择“New”—“Function”，Matlab 自动弹出“Editor”窗口，该窗口与脚本文件编辑窗口是一致的。M 文件可以通过记事本等文本工具编辑和查看；反之，普通的文本文件也可以通过 Matlab 打开和编辑，只需要将后缀名改成.m 即可。M 文件的编辑窗口如图 1 所示，一个窗口允许同时打开多个文件。新建的脚本文件是空的，函数文件里面已经有几行代码。

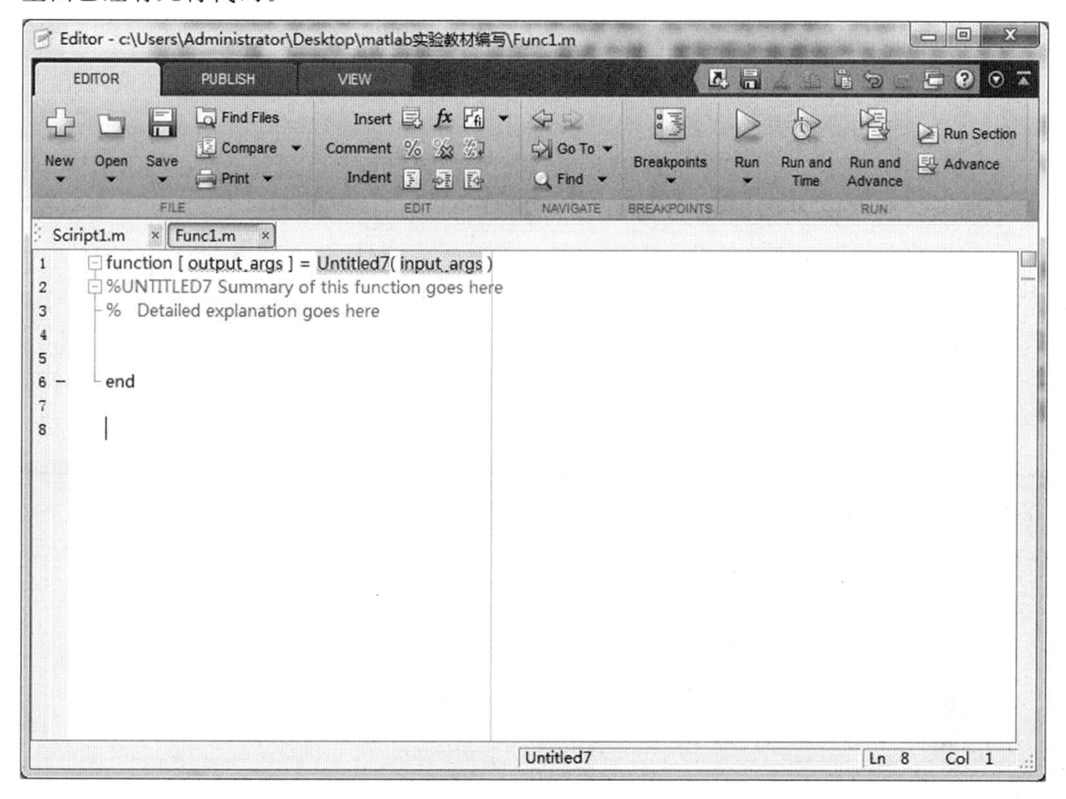

图 1　M 文件编辑

图 1 中，output_args 和 input_args 代表函数的输出和输入，在编辑函数文件时，将参数输入其中，一般在函数文件第一行注释说明函数的作用，函数的内容在以下的空白处进行编辑。图 2 是一个编辑好的简单的函数文件。

```
1      function [a,b,c ] =Func1( x,y,z )
2      %Func1 Summary of this function goes here
3      % Detailed explanation goes here
4  -   a = x+y+z;
5  -   b = a/3;
6  -   c = sqrt((x-b)*(x-b) + (y-b)*(y-b) + (z-b)*(z-b));
7  -   end
8
9
```

图 2　M 文件开头

函数文件必须满足一些标准，主要有以下几点：

(1)函数文件名和出现在文件的第一行的函数名一般应相同。实际上,Matlab 忽略了第一行的函数名,并且根据实际存储的 M 文件名来执行函数。

(2)函数的文件名最多可以使用的字符数有一定限制,其最大值由操作系统决定。

(3)函数名必须以一个字母开头。开头之后,可以是任意字母、数字和下画线的组合。这个命名规则与变量的命名规则相同。

(4)一个函数文件的第一行被称为"函数声明行",且函数式 M 文件必须包括 function 这个关键词。其后就是这个函数最常用的方式调用的语法。在第一行声明的输入和输出变量是这个函数的局部变量,输入变量包含传递给这个函数的数据,输出变量包含从这个函数输出的变量。

(5)在函数声明行之后的第一个连续的注释行的集合是这个函数的帮助文本。第一个注释行被称作 H1 行。H1 行通常包括大写的函数名及这个函数功能的简要描述。在第一行之后的注释行描述了可能的调用语法所使用的算法,而且可能会有简单的示例。

(6)在第一个连续注释行集合之后的所有语句构成了函数体。一个函数的函数体包含了对输入参数进行运算并将运算结果赋值给输出参数的 Matlab 语句。

(7)函数文件可以包含对脚本文件的调用。当遇到一个脚本文件时,这个脚本文件就在这个函数的工作区执行,而不是在 Matlab 的工作区执行。

(8)一个函数文件中可以出现多个函数,这些函数被称作子函数或局部函数。子函数以一个标准的函数声明语句开始,并且遵循所有的函数创建规则。子函数可以被这个 M 文件中的子函数调用,也可以被这个 M 文件中的其他函数调用。

二、程序调试

在编制程序的过程中,不可避免地会遇到一些未知的错误,对初学者来说更是如此。此外,Matlab 系统还提供了一个帮助用户提高 M 文件的执行速度的工具。在分析一个 M 文件的执行时,Matlab 系统能够为用户标识出哪一行代码花费的运行时间最长,这就为程序优化提供了便利。下面介绍程序调试常用的工具和方法。

1. 错误和警告

一般来说,应用程序的错误有两类:一类是语法错误,另一类是运行时的错误。

语法错误包括词法或文法的错误,如函数名的拼写错误、表达式书写错误等。最常见的原因有两种:一是函数输入参数的类型错误,二是矩阵运算过程中阶数不匹配。对于语法错误,Matlab 会立即标记出这些错误,并返回所遇到的错误类型及该错误所在 M 文件中的行数,利用这些信息可以很方便地查找相关的错误位置和类型。通过 Matlab 帮助等,查阅对应的正确的数据类型或函数要求,可以方便地修改掉这些错误。

运行错误是指程序的运行结果有错误,出现溢出或者是死循环等异常现象,这类错误也称为程序逻辑错误。Matlab 系统有时能够将这些错误语句标识出来,但一般情况下这些错误都很难被发现。

除此之外,Matlab 程序有时还会出现警告(warning),这些警告有时并不影响程序的正常运行和正确结果的输出。在调试程序时,合理的调试顺序是先处理错误,并且按照错误的顺序逐一进行处理，最后处理警告。如果警告的事项不影响程序的正确运行和运行速度，可以选择性地忽略。

2. 设置断点

在调试程序和改正错误时，设置断点是十分必要的一种方法；尤其是在处理程序错误时，设置断点是查找错误必不可少的一环。

首先选择程序运行时需要中断的地方，一般选择条件、循环语句开始或结束的地方，或者是一个变量计算完成需要检验正确与否的地方。然后在菜单命令选择"breakpoints"—"Set/Clear"或使用快捷键F12。设置完成后，在相应的程序行的初始处会出现一个红点，如图3所示。清除断点的方式与设置断点一致，即再按一次"breakpoints"—"Set/Clear"或F12。通过命令"breakpoints"—"Set Condition"还可以设置条件断点，使用时，在对话框输入条件表达式即可。

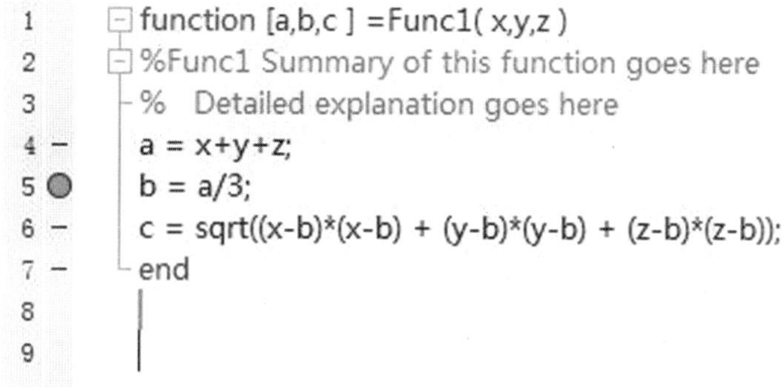

```
1      function [a,b,c ] =Func1( x,y,z )
2      %Func1 Summary of this function goes here
3      %   Detailed explanation goes here
4 -    a = x+y+z;
5 ●    b = a/3;
6 -    c = sqrt((x-b)*(x-b) + (y-b)*(y-b) + (z-b)*(z-b));
7 -    end
8
9
```

图3　设置断点

断点设置之后，选择"Run"或按F5键运行程序，程序运行到断点处将自动停止，并且在工作区会自动显示已经用到的数据项的值，这时，就可以检验这些值是否正确。然后，选择"Continue"或者按F5键，程序将继续运行至下一个断点处。

3. 简单程序的调试方法

调试函数M文件有多种方法，对于简单问题，用下述的一种或几种方法来解决是常直观的：

(1)将函数中被选定的行的分号去掉，这样运算的中间结果就可以在控制窗口汇总显示出来。

(2)在M文件中选定的位置置入keyboard命令，以便将临时控制权交给键盘，这样函数工作区就可以进行查询，并且可以根据需要改变变量的值。在键盘提示符下输入return命令就可以恢复函数执行，也就是说，在k>>下输入return即可。

(3)通过在M文件开头的函数定义语句之前插入%，把函数M文件变成脚本M文件。在脚本M文件执行的时候，其工作空间就是Matlab的基本工作空间，这样在出现错误的时候就可以查询这个工作空间了。

(4)在适当的位置利用命令显示变量值或设置断点，查看和判断运行到该位置时输出值是否正确。

(5)用 echo on 和 echo off 显示执行的指令行,判断程序流是否正确。

程序调试还有许多其他的工具和方法,这里就不逐一进行介绍了,随着对 Matlab 的进一步使用,读者可以查阅相关资料深入研究。

参考文献

[1] 郑君里,应启珩,杨为理.信号与系统.上册[M].3版.北京:高等教育出版社,2011.
[2] 郑君里,应启珩,杨为理.信号与系统.下册[M].3版.北京:高等教育出版社,2011.
[3] 谷源涛,应启珩,郑君里.信号与系统:Matlab综合实验[M].北京:高等教育出版社,2008.
[4] 熊飞丽,杨建伟,李苑青.信号、系统与控制实验教程[M].长沙:国防科技大学出版社,2017.